国家社科基金重大项目"二元经济转型视角下中国新型城乡关系的构建研究"
获准立项,批准号为21ZDA053

国家"双一流"建设学科
辽宁大学应用经济学系列丛书

教材系列

总主编◎林木西

应用多元统计分析——基于R

Application of Multivariate Statistical Analysis with R

王 青 编著

中国财经出版传媒集团

经济科学出版社
Economic Science Press

图书在版编目（CIP）数据

应用多元统计分析：基于 R/王青编著 . -- 北京：
经济科学出版社，2022.9
（辽宁大学应用经济学系列丛书．教材系列）
ISBN 978 - 7 - 5218 - 4009 - 4

Ⅰ.①应⋯　Ⅱ.①王⋯　Ⅲ.①多元分析 - 统计分析 -
高等学校 - 教材　Ⅳ.①O212.4

中国版本图书馆 CIP 数据核字（2022）第 168302 号

责任编辑：李一心
责任校对：刘　昕
责任印制：范　艳

应用多元统计分析——基于 R
王　青　编著
经济科学出版社出版、发行　新华书店经销
社址：北京市海淀区阜成路甲 28 号　邮编：100142
总编部电话：010 - 88191217　发行部电话：010 - 88191522
网址：www. esp. com. cn
电子邮箱：esp@ esp. com. cn
天猫网店：经济科学出版社旗舰店
网址：http：//jjkxcbs. tmall. com
北京季蜂印刷有限公司印装
787 × 1092　16 开　13.25 印张　260000 字
2022 年 11 月第 1 版　2022 年 11 月第 1 次印刷
ISBN 978 - 7 - 5218 - 4009 - 4　定价：58.00 元
（图书出现印装问题，本社负责调换。电话：010 - 88191510）
（版权所有　侵权必究　打击盗版　举报热线：010 - 88191661
QQ：2242791300　营销中心电话：010 - 88191537
电子邮箱：dbts@ esp. com. cn）

总　序

　　本丛书为国家"双一流"建设学科"辽宁大学应用经济学"系列丛书，也是我主编的第三套系列丛书。前两套系列丛书出版后，总体看效果还可以：第一套是《国民经济学系列丛书》（2005年至今已出版13部），2011年被列入"十二五"国家重点出版物出版规划项目；第二套是《东北老工业基地全面振兴系列丛书》（共10部），在列入"十二五"国家重点出版物出版规划项目的同时，还被确定为2011年"十二五"规划400种精品项目（社科与人文科学155种），围绕这两套系列丛书取得了一系列成果，获得了一些奖项。

　　主编系列丛书从某种意义上说是"打造概念"。比如说第一套系列丛书也是全国第一套国民经济学系列丛书，主要为辽宁大学国民经济学国家重点学科"树立形象"；第二套则是在辽宁大学连续主持国家社会科学基金"八五"至"十一五"重大（点）项目，围绕东北（辽宁）老工业基地调整改造和全面振兴进行系统研究和滚动研究的基础上持续进行探索的结果，为促进我校区域经济学学科建设、服务地方经济社会发展做出贡献。在这一过程中，既出成果也带队伍、建平台、组团队，使得我校应用经济学学科建设不断跃上新台阶。

　　主编这套系列丛书旨在使辽宁大学应用经济学学科建设有一个更大的发展。辽宁大学应用经济学学科的历史说长不长、说短不短。早在1958年建校伊始，便设立了经济系、财税系、计统系等9个系，其中经济系由原东北财经学院的工业经济、农业经济、贸易经济三系合成，财税系和计统系即原东北财经学院的财信系、计统系。1959年院系调整，将经济系留在沈阳的辽宁大学，将财税系、计统系迁到大连组建辽宁财经学院（即现东北财经大学前身），将工业经济、农业经济、贸易经济三个专业的学生培养到毕业为止。由此形成了辽宁大学重点发展理论经济学（主要是政治经济学）、辽宁财经学院重点发展应用经济学的大体格局。实际上，后来辽宁大学也发展了应用经济学，东北财经大学也发展了理论经济学，发展得都不错。1978年，辽宁大学恢复招收工业经济本科生，1980年受人民银行总行委托、经教育部批准开始招收国际金融本科生，1984年辽宁大学在全国第一批成立了经济管理学院，增设计划统计、会计、保险、投资经济、国际贸易等本科专业。到20世纪90年代中期，辽宁大学已有西方经济学、世界经济、国民经济计划与管理、国际金融、工业经济 5 个二级学科博士点，当时在全国同类院校似不多见。1998 年，建立国家重点教学基地 "辽宁大学国家经济学基础人才培养基地"。2000 年，获批建设第二批教育部人文社会科学重点研究基地"辽宁大学比较经济体制研究中心"（2010 年经教育部社会科学司批准更名为"转型国家经济政治研究中心"）；同年，在理论经济学一级学科博士点评审中名列全国第一。2003 年，在应用经济学一级学科博士点评审中并列全国第一。2010 年，新增金融、应用统计、税务、国际商务、保险等全国首批应用经济学类专业学位硕士点；2011 年，获全国第一批统计学一级学科博士点，从而实现经济学、统计学一级学科博士点"大满贯"。

在二级学科重点学科建设方面，1984 年，外国经济思想史（即后来的西方经济学）和政治经济学被评为省级重点学科；1995 年，西方经济学被评为省级重点学科，国民经济管理被确定为省级重点扶持学科；1997 年，西方经济学、国际经济学、国民经济管理被评为省级重点学科和重点扶持学科；2002 年、2007 年国民经济学、世界经济连续两届被评为国家重点学科；2007 年，金融学被评为国家重点学科。

在应用经济学一级学科重点学科建设方面，2017 年 9 月被教育部、财政部、国家发展和改革委员会确定为国家"双一流"建设学科，成为东北地区唯一一个经济学科国家"双一流"建设学科。这是我校继 1997 年成为"211"工程重点建设高校 20 年之后学科建设的又一次重大跨越，也是辽宁大学经济学科三代人共同努力的结果。此前，2008 年被评为第一批一级学科省级重点学科，2009 年被确定为辽宁省"提升高等学校核心竞争力特色学科建设工程"高水平重点学科，2014 年被确定为辽宁省一流特色学科第一层次学科，2016 年被辽宁省人民政府确定为省一流学科。

在"211"工程建设方面，在"九五"立项的重点学科建设项目是"国民经济学与城市发展"和"世界经济与金融"，"十五"立项的重点学科建设项目是"辽宁城市经济"，"211"工程三期立项的重点学科建设项目是"东北老工业基地全面振兴"和"金融可持续协调发展理论与政策"，基本上是围绕国家重点学科和省级重点学科而展开的。

经过多年的积淀与发展，辽宁大学应用经济学、理论经济学、统计学"三箭齐发"，国民经济学、世界经济、金融学国家重点学科"率先突破"，由"万人计划"领军人才、长江学者特聘教授领衔，中青年学术骨干梯次跟进，形成了一大批高水平的学术成果，培养出一批又一批优秀人才，多次获得国家级教学和科研奖励，在服务东北老工业基地全面振兴等方面做出了积极贡献。

编写这套《辽宁大学应用经济学系列丛书》主要有三个目的：

一是促进应用经济学一流学科全面发展。以往辽宁大学应用经济学主要依托国民经济学和金融学国家重点学科和省级重点学科进行建设，取得了重要进展。这个

"特色发展"的总体思路无疑是正确的。进入"十三五"时期，根据"双一流"建设需要，本学科确定了"区域经济学、产业经济学与东北振兴""世界经济、国际贸易学与东北亚合作""国民经济学与地方政府创新""金融学、财政学与区域发展""政治经济学与理论创新"五个学科方向。其目标是到2020年，努力将本学科建设成为立足于东北经济社会发展、为东北振兴和东北亚区域合作做出应有贡献的一流学科。因此，本套丛书旨在为实现这一目标提供更大的平台支持。

二是加快培养中青年骨干教师茁壮成长。目前，本学科已形成包括长江学者特聘教授、国家高层次人才特殊支持计划领军人才、全国先进工作者、"万人计划"教学名师、"万人计划"哲学社会科学领军人才、国务院学位委员会学科评议组成员、全国专业学位研究生教育指导委员会委员、文化名家暨"四个一批"人才、国家"百千万"人才工程入选者、国家级教学名师、全国模范教师、教育部新世纪优秀人才、教育部高等学校教学指导委员会主任委员和委员、国家社会科学基金重大项目首席专家等在内的学科团队。本丛书设学术、青年学者、教材、智库四个子系列，重点出版中青年教师的学术著作，带动他们尽快脱颖而出，力争早日担纲学科建设。

三是在新时代东北全面振兴、全方位振兴中做出更大贡献。面对新形势、新任务、新考验，我们力争提供更多具有原创性的科研成果、具有较大影响的教学改革成果、具有更高决策咨询价值的智库成果。丛书的部分成果为中国智库索引来源智库"辽宁大学东北振兴研究中心"和"辽宁省东北地区面向东北亚区域开放协同创新中心"及省级重点新型智库研究成果，部分成果为国家社会科学基金项目、国家自然科学基金项目、教育部人文社会科学研究项目和其他省部级重点科研项目阶段研究成果，部分成果为财政部"十三五"规划教材，这些为东北振兴提供了有力的理论支撑和智力支持。

这套系列丛书的出版，得到了辽宁大学党委书记周浩波、校长潘一山和中国财经出版传媒集团副总经理吕萍的大力支持。在丛书出版之际，谨向所有关心支持辽宁大学应用经济学建设与发展的各界朋友，向辛勤付出的学科团队成员表示衷心感谢！

林木西

2019年10月

目　录

第一章

绪　　论

　　多元统计分析是 20 世纪初发展起来的统计分析方法，它是通过对多个随机变量观测数据的分析来研究多个随机变量之间的相互关系并揭示变量内在规律的分析方法[①]。多元统计分析方法可应用于经济学、管理学、医学、教育学、心理学、体育科学、生态学、地质学、社会学、考古学、军事科学、环境科学、文学等很多领域。

第一节　多元统计分析概述

一、多元统计分析的产生与发展过程

　　多元统计分析起源于医学和心理学。1928 年威舍特（Wishert）发表论文《多元正态总体样本协方差阵的精确分布》，是多元统计分析的开端；20 世纪 30 年代，费希尔（Fisher）、霍特林（Hotelling）、许宝碌等奠定了多元统计分析的理论基础；20世纪 40 年代，这一分析方法在心理学、教育学、生物学等方面有不少应用，但由于计算复杂且计算量大，其发展受到限制；20 世纪 50 年代中期，随着计算机的出现和发展，多元统计分析方法在地质学、气象学、医学和社会学方面得到广泛应用，多元统计分析已渗入几乎所有的学科；到 20 世纪 80 年代后期，计算机软件包已很普遍，使用也方便，因此多元统计分析方法也更为普及，在我国各个领域受到极大关注，近40 多年来在理论上和应用上都取得了若干新进展。[②]

---

① 费宇等：《多元统计分析——基于 R》，中国人民大学出版社 2014 年版。
② 于秀林等：《多元统计分析》，中国统计出版社 1999 年版。

二、多元统计分析的用途

多元统计分析是运用数理统计方法研究解决多变量问题的理论和方法，它是通过对多个随机变量观测数据的分析来研究变量之间的相互关系并揭示其内在统计规律性的数理统计学分支之一。在实际应用中，多元统计分析通常用于解决以下四个方面的问题[①]。

（一）变量之间的相依性分析

分析多个或多组变量之间的相依关系，是一切科学研究尤其是经济管理研究的主要内容，简单相关分析、偏相关分析、复相关分析和典型相关分析提供了进行这类研究的必要方法。

（二）构造预测模型，进行预报控制

在自然和社会科学领域的科研与生产中，探索多元系统运行的客观规律及其与外部环境的关系，进行预测预报，以实现对系统的最优控制，是应用多元统计分析技术的主要目的。在多元统计分析中，用于预报控制的模型有两类：一类是预测预报模型，通常采用多元回归或逐步回归分析、非线性回归、判别分析等建模技术；另一类是描述性模型，通常采用综合评价的分析技术。

（三）进行数值分类，构造分类模型

在多元统计分析中，往往需要将系统性质相似的事物或现象归为一类，以便找出它们之间的联系和内在规律。过去许多研究是按单因素进行定性处理，以致处理结果反映不出系统的总特征。进行数值分类、构造分类模式一般采用聚类分析和判别分析技术。

（四）简化系统结构

可采用主成分分析、因子分析、对应分析等方法，在众多因素中找出各个变量中最佳的子集合，根据子集合所包含的信息描述多元系统的结果及各个因子对系统的影响。

如何选择适当的方法来解决实际问题，需要对问题进行综合考虑。对一个问题可以综合运用多种统计方法进行。

---

① 王斌会：《多元统计分析及 R 语言建模》，暨南大学出版社 2016 年版。

三、多元统计分析所包含的内容

在对社会、经济、技术系统的认识过程中，需要收集和分析大量表现系统特征和运行状态的数据信息。这类原始数据集合往往由于样本点数量巨大，用于刻画系统特征的指标变量众多，并且带有动态特性，而形成规模宏大、复杂难辨的数据海洋。如何分析和认识高维复杂数据集合中的内在规律性，简明扼要地把握系统的本质特征？如何对高维数据集合进行最佳综合，迅速将隐藏在其中的重要信息集中提取出来？如何充分发掘数据中的丰富内涵，清晰地展示系统结构，准确地认识系统元素的内在联系，以及直观地描绘系统的运动历程？利用统计学和数学方法，对多维复杂数据集合进行科学分析的理论和方法，正是多元统计分析研究的基本内容。

其主要范畴包括多元数据图（表）的表示方法、多元相关与回归分析、主成分分析、因子分析、聚类分析、判别分析等。

第二节　多元统计分析中的基本概念

一、数据的来源与类型

数据是统计工作所搜集、分析、汇总表述和解释的事实及数字。统计数据不是指单个的数字，而是指所搜集的有关资料的数据集。[①]

（一）数据的来源

从统计数据本身的来源看，统计数据最初都来源于直接的调查或实验。从使用者的角度看，统计数据主要来源于两种渠道：一是直接的调查和科学实验，这是统计数据的直接来源，我们称之为第一手或直接的统计数据；二是别人调查或实验的数据，这是统计数据的间接来源，我们称之为第二手或间接的统计数据。第二手数据主要是公开出版的或公开报道的数据，也有些是尚未公开的数据。在我国，公开出版或报道的社会经济统计数据主要来自国家和地方的统计部门以及各种报刊媒介。例如，公开的出版物有《中国统计年鉴》《中国统计摘要》《中国社会统计年鉴》《中国工业经济统计年鉴》《中国农村统计年鉴》《中国人口统计年鉴》《中国市场统计年鉴》，以

---

① 贾俊平：《统计学》，中国人民大学出版社 2014 年版。

及各省份的统计年鉴等。提供世界各国社会和经济数据的出版物也有许多，如《世界经济年鉴》《国外经济统计资料》，以及世界银行各年度的《世界发展报告》等。联合国的有关部门及世界各国也定期通过出版物或报告公布各种统计数据。除了公开出版或发布的统计数据外，还可以通过其他渠道使用一些尚未公开的统计数据，以及广泛分布在各种报纸、杂志、图书、广播、电视传媒中的各种数据资料。现在，随着计算机网络技术的发展，也可以在网络上获取所需的各种数据资料。

（二）数据的类型

按照数据的计量尺度划分，数据可分为定类数据、定序数据、定距数据和定比数据；按照数据的反映内容划分，数据可分为品质（定性）数据与数量（定量）数据；按照数据表现形式划分，数据可分为时间序列数据、截面数据和合并（混合）数据。

数据的计量尺度有四种：定类（名义）尺度（nominal scale）是只按照事物的某种属性对其进行平行分类或分组所进行的测度，是最粗略、计量层次最低的计量尺度。如人口按照性别分为男、女两类。定序（顺序）尺度（ordinal scale）又称顺序尺度，是对事物之间等级差或顺序差别的一种测度。如将产品等级分为一等品、二等品、三等品及次品等。定距（间隔）尺度（interval scale）也称为间隔尺度，是对事物类别或次序之间间隔的测度，通常使用自然或度量衡单位作为计量尺度。如考试成绩用百分制度量、温度用摄氏度或华氏度来度量等。定距尺度的计量结果表现为数量。定比（比率）尺度（ratio scale）也称为比率尺度，它与定距尺度属于同一层次，一般可不进行区分，其计量结果也表现为数值，但其特性是可以计算两个测度值之间的比值。定距尺度与定比尺度之间的唯一差距是定比尺度有一个绝对固定的"零点"。定距尺度中没有绝对的零点，即定距尺度计量值可以为 0，"0"表示一个数值，即"0"水平，而不表示"没有"或"不存在"。如温度为 0 度，表示温度的水平，并不表示没有温度。所以定距尺度中的 0 是一个有意义的数值。定比尺度则不同，它有一个绝对"零点"，也就是说，在定比尺度中，"0"表示"没有"或"不存在"，如产量为 0，表示没有这种产品；收入为 0，表示这个人没有收入。现实生活中大多数情况下使用的都是定比尺度。统计数据采用不同的计量尺度也就形成了不同的数据，即定类数据、定序数据、定距数据和定比数据。

数据可以既包括品质（定性）数据又包括数量（定量）数据两方面。定类数据和定序数据统称为品质（定性）数据；定距数据和定比数据统称为数量（定量）数据。定性数据是为了对事物进行分类而提供标签或名称；而定量数据测量事物的多少。

时间序列数据（time series data）是按照时间序列排列收集得到的数据。如 GDP、失业率、就业率、货币供给、政府赤字等。数据是按照一定时间间隔收集的——每日

（如股票），每周（如货币供给）、每月（如失业率）、每季（如 GDP）、每年（如政府预算）。截面数据（cross-sectional data）是指一个或多个变量在某一时点上的数据的集合。如定期进行的人口普查数据。合并数据（pooled data）中既有时间序列数据又有截面数据，如 10 个国家 20 年的失业率数据就是合并数据。在合并数据中有一类特殊数据，称为面板数据（panel data），又称纵向数据（longitudinal or micropanel data），即同一个截面单位，比如一个家庭或一个公司，在不同时期的调查数据。

二、经济变量与经济参数

（一）经济变量

经济变量：含有特定的经济定义，影响经济系统的因素，可观测、可定量化的变量。

（1）解释变量——自变量；被解释变量——因变量。

（2）随机变量：抽样取值随机；固定变量：抽样取值固定。

（3）当期（现期）：Y_t；滞后变量：Y_{t-1}；超前变量：Y_{t+1}。

（4）定性变量：可观测，无数据，可定量化；定量变量：可观测，有定量数据。

（5）当期内生变量：内部因素。

（6）外生变量：外部因素。

（7）前定变量：求解前已知，包括内生滞后和外生变量。

（二）经济参数

在运用计量方法研究经济问题时，衡量某种经济量的参考基数称为经济参数。经济参数具有稳定性特征，且存在但未知。根据经济理论可预判其所在范围，利用计量模型可得出其估计值。

三、模型与方程

模型由四部分组成：变量、参数、方程式及随机扰动项。如：

$$Y = \beta_0 + \beta_1 X_1 + \beta_2 X_2 + u \tag{1-1}$$

其中：Y，X_1，X_2 为变量，Y 为被解释变量（因变量），X_1，X_2 为解释变量（自变量）；β_0，β_1，β_2 为参数；u 为随机扰动项。

第三节 多元统计分析的研究方法

一、多元统计分析工作的对象

多元统计分析是以多维随机变量的内在联系及统计规律为其研究对象，是统计中讨论多维随机变量的统计方法的总称。

二、多元统计分析的一般程序

多元统计分析方法要经过建立模型、进行参数估计、假设检验以及预测控制等步骤，具体如下[①]：

（一）进行定性分析，设计理论模型

对所研究的对象，要根据研究目的和要求，以经济理论为基础，选择一组变量或指标体系设计理论模型。同一研究对象，若研究目的和要求不同，采用的多元统计分析方法是不一样的。变量数目的确定，要以所选择的变量组是否能全面地反映研究对象的主要性质特征而定，同时还要考虑数据的可获得性。变量的选择既不能太少，也不能太多，太少不能全面反映研究对象的性质特征，而太多虽然能全面反映研究对象的性质特征，但将会增加数据的调查和分析计算的复杂性。

（二）抽取样本，并取得样本统计资料

样本数据的获得应做到全面、准确、及时、可靠。对同一时间的不同样品的同一指标或变量的样本数据采集，在计量单位、计算口径和计算方法上应做到三统一。如果有的变量或样本数据有缺失，则应设法填补。根据所获得的样本数据的特点，对数据进行必要的数据变换，以消除不同变量的样本数据不同量纲和数量级单位的影响。

（三）估计参数，建立计量模型

运用所选定的多元统计分析方法，对经数据变换后的样本数据进行参数估计，进

---

① 王斌会：《多元统计分析及 R 语言建模》，暨南大学出版社 2016 年版。

行实证分析。

（四）对计量模型进行检验、优化以及运用

根据所要达到的研究目的和要求，结合研究对象，对估计结果进行分析。分析时，应采用定性和定量相结合的方式进行，对所要研究的问题作出符合实际的结论或判断。

第四节　R 语言系统设置

R 是一个有着统计分析功能及强大作图功能的软件系统，是由奥克兰大学统计学系的罗斯·艾哈卡（Ross Ihaka）和罗伯特·简特曼（Robert Gentleman）共同创立。R 是一门用于统计计算和作图的语言，它不单是一门语言，更是一个数据计算与分析的环境。统计计算领域有三大工具：SAS、SPSS、S，R 正是受 S 语言和 Schem 语言影响发展而来。其最主要的特点是免费、开源、各种各样的模块十分齐全。在 R 的综合档案网络 CRAN 中，提供了大量的第三方功能包，其内容涵盖了从统计计算到机器学习，从金融分析到生物信息收集，从社会网络分析到自然语言处理，从各种数据库、各种语言接口到高性能计算模型，可以说无所不包，无所不容，这也是为什么 R 正在获得越来越多各行各业的从业人员喜爱的一个重要原因①。

一、R 软件的下载安装

（一）R 的安装

R 语言是免费的，下载地址为：https：//www. r – project. org/。根据自己电脑的操作系统（Linux、Windows 或者 Mac OSX），选择适当的 R 版本免费下载，下载之后，根据提示安装 R 软件。安装结束后，桌面上会出现 R 快捷图标。双击 R 图标就可以进入 R 操作系统了（见图 1 – 1）。如果要退出 R 系统，可以在命令行输入 q（），也可以点击 RGui 右上角的叉号退出，退出时可以保存工作空间，比如将工作空间保存在 "C：/text/ch1/" 目录下，名称为 "Q. RData"，则以后可以通过命令：load（"C：/text/ch1/Q. RData"）来加载这个工作空间。

---

① 阿稳：《R——不仅仅是一门语言》，载《程序员》2010 年第 8 期。

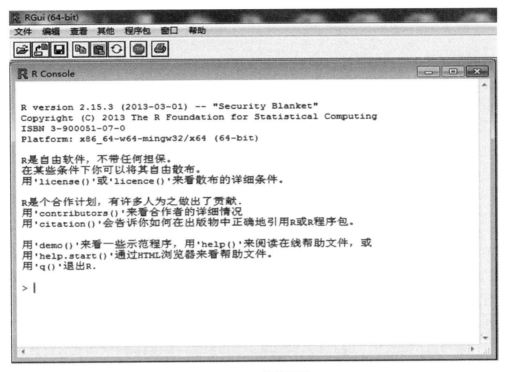

图 1-1 R 软件界面

资料来源：https：//r-project. org/。

在 R 语言命令提示符"＞"后面直接输入命令。R 里的"＜-"符号意义为赋值，大多数情况下它可以用"＝"号来代替，但某些特殊的场合不可以，本书会遵循"＜-"这种官方使用的写法。

(二) 包的安装与加载

R 包 (package) 是 R 语言的功能之根本，是指包含了 R 数据、多个函数等的集合，常作为分享代码的基本单元，代码封装成包可以方便其他用户使用。越来越多的 R 包正在由世界上不同的人所创建并分发，这些分发的 R 包，可以从 CRAN 或 github 上获取，由于向 CRAN 提交包审核非常严格，有些开发者并没有将自己开发的 R 包提至 CRAN 的意向，通过 devtools 可以轻松在 github 上下载安装。[①]

R 带有一系列默认包 (见表 1-1)，它们提供了多种默认函数和数据集。其他包可通过下载来进行安装，使用函数 library () 显示目前 R 中已经安装了哪些包。

---

① 贾俊平：《统计学》，中国人民大学出版社 2014 年版。

表 1 – 1 R 初始状态载入包列表

包	描述
base	基础函数
datasets	基础数据集
graphics	基础绘图函数
grDevices	基础或 grid 图形设备
methods	用于 R 对象和编程工具的方法和类的定义
stats	常用统计函数
utils	R 工具函数

在使用 R 时，可根据需要在线安装所需的包。比如，要安装 boot 包，命令为[①]：

```
install.packages("boot")
```

选择相应的镜像站点即可自动完成包的下载和安装。要查看包的使用说明，命令为：

```
help(package=("boot"))
```

通常情况下，R 包在安装完以后不能直接调用其函数，需要使用命令 library 载入这个包。例如，要使用 boot 包，命令为：

```
library(boot)
```

下面的文本框给出了本书用到的一些 R 程序包，建议在使用前先安装这些包，以方便调用。

```
● agricolae   ● forecast   ● gplots    ● NbClust    ● reshape
● boot        ● fmsb       ● Hmisc     ● MASS       ● scatterplot3d
● car         ● gclus      ● IDPmisc   ● pastecs    ● vcd
● corrgram    ● gmodels    ● multcomp  ● plyr       ● psych    ● vioplot
```

----

① 我们将代码写在灰色底框中，而将结果或图形放在白色框中（全书同）。

注意！R 的一切操作符都必须为英文格式，在中文格式下输入会出错。

二、RStudio 软件的下载安装

RStudio 作为 R 语言的编辑器使用方便，本书的程序都是在该平台上进行的。该编辑器在网站 https：//www. rstudio. com/就可以下载。Rstudio 界面如图 1 - 2 所示，简单地分为四个窗口，从左至右分别是程序编辑窗口（文本编辑器），工作空间与历史信息（环境与历史），程序运行与输出窗口（控制台），画图和函数包帮助窗口（其他工具）。

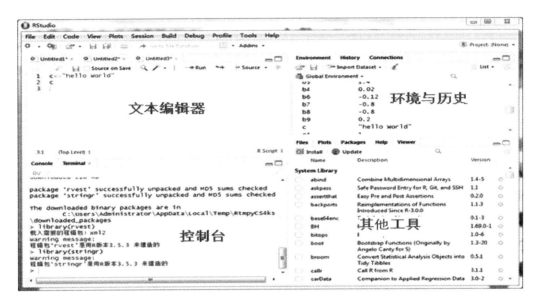

图 1 - 2　RStudio 界面

资料来源：https：//www. rstudio. com/。

（一）程序编辑窗口

系统会默认一个叫 Untitled1 * 的编辑窗口（source editor）。File -> New File -> R script （或 Ctrl + Shift + N）中可以新建脚本窗口。File -> New Project -> New Directory -> Empty Project 可以创建项目。

（二）工作空间（Workspace）和历史（History）窗口

工作空间显示的是定义的数据集 Data，值 Value 和自定义函数 Function，可以选中双击打开查看。Import Dataset 可以快速导入 Excel、CSV、SPSS 等格式的数据。历

史窗口显示的是历史操作，可以选中点击上方 To Console 使其进入主控制界面，与重复以前的操作类似。

（三）控制台（Console）

控制台功能与 RGui 中相同，显示程序运行的信息。Rstudio 提供的辅助功能有助于初学者顺利地输入函数，比如忘记画图函数 plot，输入前几位字母，如 pl，再按 Tab 键，会出现所有已安装的程序包中以 pl 开头的函数及简要介绍，回车键即可选择。同时，Tab 键还可以显示函数的各项参数，输入 plot（，Rstudio 会自动补上右括号，按 Tab 键则显示 plot( ) 的各项参数。在控制台中，ctrl + 向上键可以显示出最近运行的函数历史列表。如果重复运行前面刚进行的程序，该操作可以很方便地进行。

（四）画图和帮助窗口

这个窗口的功能容易理解，包括输出图形、显示函数的帮助文件、显示包、帮助文档、观众栏。更多的帮助与信息可以点击 Help –> Rstudio Docs，参考 Rstudio 的官方文档。

第五节　数据的输入与编辑

一、数据的读入与保存

（一）使用键盘输入与保存数据

在导入数据比较少的时候，我们使用这种方法。如 1996 ~ 2015 年我国国内生产总值（GDP）（单位：千亿元）情况，可用向量函数命令 c 直接输入：71. 8136，79. 715，85. 1955，90. 5644，100. 2801，110. 8631，121. 7174，137. 422，161. 8402，187. 3189，219. 4385，270. 2323，319. 5155，349. 0814，413. 0303，489. 3006，540. 3674，595. 2444，643. 974，689. 0521。

可用向量函数命令 c 直接将 1996 ~ 2015 年我国国内生产总值 GDP（单位：千亿元）赋值给 x，见文本框 1 –1。

文本框 1-1

```
x <- c(71.8136,79.715,85.1955,90.5644,100.2801,110.8631,121.7174,
137.422,161.8402,187.3189,219.4385,270.2323,319.5155,349.0814,
413.0303,489.3006,540.3674,595.2444,643.974,689.0521)
x    #R 语言使用变量名来显示数据的,等价于 print(x)
```
```
[1] 71.8136    79.7150    85.1955    90.5644    100.2801    110.8631
121.7174  137.4220
[9] 161.8402    187.3189    219.4385    270.2323    319.5155
349.0814  413.0303  489.3006
[17] 540.3674    595.2444    643.9740    689.0521
```

注:"#"为注释符号,#后面的一切命令均不执行,其作用是为了增强程序的可读性,方便反复使用时观看。

将文件存为 R 数据文件,见文本框 1-2。

文本框 1-2

```
save(x,file = "C:/text/ch1/x.RData")
```

其中,file = ""指定文件的存放路径和名称,后缀必须是".RData",这样就把 x 存为一个 R 数据文件了。

通过键盘输入数据,也可以用 R 中的函数 edit( ),它会自动调用一个允许手动输入数据的文本编辑器。具体步骤如下:首先,创建一个空数据框(或矩阵),其中变量名和变量的模式需与理想中的最终数据集一致;其次,针对这个数据对象调用文本编辑器,输入你的数据,并将结果保存回此数据对象中。下面将创建一个名为 mydata 的数据框,它含有三个变量:age(数值型)、height(数值型)和 weight(数值型)。然后通过 edit( ) 函数调用文本编辑器,编辑器界面如文本框 1-3 所示。我们在这个界面可以输入变量值,也可以改变变量类型。键入数据,最后保存结果,见文本框 1-3。

文本框 1-3

```
mydata <- data.frame(age = numeric(0),height = numeric(0),weight = numeric(0))
mydata <- edit(mydata)
```

注：函数 edit( ) 事实上是在对象的一个副本上进行操作的。如果没有将其赋值到一个对象，那么所有修改将会全部丢失。

键入数据，最后保存结果，见文本框 1 - 4。

文本框 1 - 4

```
save(mydata,file = "C:/text/ch1/mydata.RData")
```

注：单击列的标题，可以用编辑器修改变量名和变量类型，也可以通过单击未使用的列的标题来添加新的变量。R 中变量的 5 种基本类型为：字符（character）、整数（integer）、复数（complex）、逻辑（logical：True/False）及数值（numeric），查看对象类型的命令：class（变量名）。R 语言对大小写敏感，区分大小写。

（二）读取多元数据与保存

1. 读入纯文本数据文件

读入文本数据的命令是 read. table( )，但它对外部文件常常有特定格式要求：

第一行可以有该数据框的各变量名，随后的行中的条目是各个变量的值，见文本框 1 - 5。

文本框 1 - 5

```
example1_1 <- read.table("C:/text/ch1/example1_1.txt",header =
TRUE)
example1_1 #header = TRUE 选项用来指定第一行是标题行,并且因此省略文件
中给定的行标签
```

	时间	GDP.千亿元.	全国财政支出.亿元.	全国财政收入.亿元.
1	1996年	71.8136	7937.55	7407.99
2	1997年	79.7150	9233.56	8651.14
3	1998年	85.1955	10798.18	9875.95
4	1999年	90.5644	13187.67	11444.08
5	2000年	100.2801	15886.50	13395.23
6	2001年	110.8631	18902.58	16386.04
7	2002年	121.7174	22053.15	18903.64
8	2003年	137.4220	24649.95	21715.25
9	2004年	161.8402	28486.89	26396.47
10	2005年	187.3189	33930.28	31649.29
11	2006年	219.4385	40422.73	38760.20
12	2007年	270.2323	49781.35	51321.78
13	2008年	319.5155	62592.66	61330.35
14	2009年	349.0814	76299.93	68518.30
15	2010年	413.0303	89874.16	83101.51
16	2011年	489.3006	109247.79	103874.43
17	2012年	540.3674	125952.97	117253.52
18	2013年	595.2444	140212.10	129209.64
19	2014年	643.9740	151785.56	140370.03
20	2015年	689.0521	175877.77	152269.23

注：文件的后缀不必一定要 .txt，关键文件要为纯文本，里面不能有特殊格式符。系统根据每个变量第一个值的类型，自动识别变量类型，如以上数据集中，除时间是字符变量，其他均为数值变量。

2. 读入 Excel 数据文件

先将 Excel 格式数据另存为 "csv" 格式数据，将其存放在指定的路径中，如在

目录"C：/text/ch1"下，然后用 read. csv（"C：/text/ch1/example1_1. csv"，header =
TRUE）命令读入，见文本框 1 – 6。

文本框 1 – 6

```
example1_1 <- read.csv("C:/text/ch1/example1_1.csv",header = TRUE)
example1_1    #读取不含标题的 csv 文件,header = FALSE
```

3. 读入 R 数据文件

要读入 R 语言格式数据，用 load( ) 命令读入，见文本框 1 – 7。

文本框 1 – 7

```
load("C:/text/ch1/example1_1.RData")
example1_1
```

二、数据的使用和编辑

（一）定义数据为时间序列

多元统计分析的数据很多是以时间序列形式出现，R 语言软件中用于转化数据向
量为时间序列的格式命令 ts 即可生成时间序列，见文本框 1 – 8。

文本框 1 – 8

```
load("C:/text/ch1/x.RData")
y <- ts(x,start = 1996)
y   #y = ts(x,start = 1996,end = 2015)

Time Series:
Start = 1996
End = 2015
Frequency = 1
[1]71.8136    79.7150    85.1955    90.5644    100.2801    110.8631
121.7174   137.4220
[9]161.8402    187.3189    219.4385    270.2323    319.5155    349.0814
413.0303   489.3006
[17]540.3674    595.2444    643.9740    689.0521
```

这时可绘制时间序列图，见文本框 1 – 9。

文本框 1 – 9

```
plot(y);
grid(y)  #grid命令可给图形加网络线
```

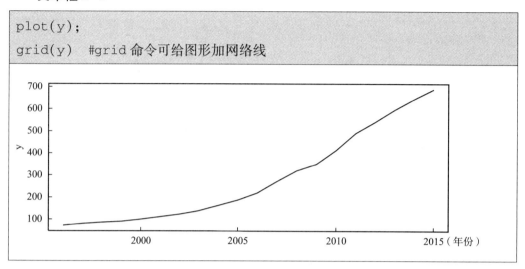

（二）编辑数据框

有时需要对数据框中的变量名进行修改，并用修改后的数据覆盖原有数据。例如，将 example1_1 中的 "GDP. 千亿元 ." "全国财政支出 . 亿元 ." "全国财政收入 . 亿元 ." 重新命名为 "GDP" "全国财政支出" "全国财政收入"，见文本框 1 – 10。

文本框 1 – 10

```
library(reshape)
newdata <- rename(example1_1,c(GDP. 千亿元 . = "GDP",全国财政支出 .
亿元 . = "全国财政支出",全国财政收入 . 亿元 . = "全国财政收入"))
example1_1_1 <- newdata
save(example1_1_1,file = "C:/text/ch1/example1_1_1.RData")
example1_1_1
```

	时间	GDP	全国财政支出	全国财政收入
1	1996 年	71.8136	7937.55	7407.99
2	1997 年	79.7150	9233.56	8651.14
3	1998 年	85.1955	10798.18	9875.95
4	1999 年	90.5644	13187.67	11444.08

5	2000 年	100.2801	15886.50	13395.23
6	2001 年	110.8631	18902.58	16386.04
7	2002 年	121.7174	22053.15	18903.64
8	2003 年	137.4220	24649.95	21715.25
9	2004 年	161.8402	28486.89	26396.47
10	2005 年	187.3189	33930.28	31649.29
11	2006 年	219.4385	40422.73	38760.20
12	2007 年	270.2323	49781.35	51321.78
13	2008 年	319.5155	62592.66	61330.35
14	2009 年	349.0814	76299.93	68518.30
15	2010 年	413.0303	89874.16	83101.51
16	2011 年	489.3006	109247.79	103874.43
17	2012 年	540.3674	125952.97	117253.52
18	2013 年	595.2444	140212.10	129209.64
19	2014 年	643.9740	151785.56	140370.03
20	2015 年	689.0521	175877.77	152269.23

在数据集中常会出现缺失值（missing value），缺失值在 R 中用 NA（Not Available）表示，使用 is. na 函数可以检测数据集中是否存在缺失值，见文本框 1 –11。

文本框 1 –11

```
load("C:/text/ch1/example1_2.RData")    #加载带有缺失值的数据框
example1_2
is.na(example1_2)    #检测缺失值
```

	时间	GDP	全国财政支出	全国财政收入
1	FALSE	FALSE	FALSE	FALSE
2	FALSE	FALSE	FALSE	FALSE
3	FALSE	FALSE	FALSE	FALSE
4	FALSE	FALSE	FALSE	FALSE
5	FALSE	FALSE	FALSE	FALSE
6	FALSE	FALSE	FALSE	FALSE

7	FALSE	FALSE	FALSE	FALSE
8	FALSE	FALSE	FALSE	FALSE
9	FALSE	FALSE	FALSE	FALSE
10	FALSE	FALSE	FALSE	FALSE
11	FALSE	FALSE	FALSE	FALSE
12	FALSE	FALSE	FALSE	FALSE
13	FALSE	FALSE	FALSE	FALSE
14	FALSE	FALSE	FALSE	FALSE
15	FALSE	FALSE	FALSE	TRUE
16	FALSE	FALSE	FALSE	FALSE
17	FALSE	FALSE	FALSE	FALSE
18	FALSE	FALSE	FALSE	FALSE
19	FALSE	FALSE	FALSE	FALSE
20	FALSE	TRUE	FALSE	FALSE

如果数据框中的多个变量有缺失值，例如，在数据框 example1_2 中 2010 年的全国财政收入、2015 年的 GDP 是缺失值，可以通过函数 na. omit 剔除含缺失值的所有行，见文本框 1 - 12。

文本框 1 - 12

```
example1_2_1 <-na.omit(example1_2)#剔除有缺失值的所有行,并重新命名
为 example1_2_1
save(example1_2_1,file = "C:/text/ch1/example1_2_1.RData")#保存
example1_2_1 为 R 文件
```

	时间	GDP	全国财政支出	全国财政收入
1	1996 年	71.8136	7937.55	7407.99
2	1997 年	79.7150	9233.56	8651.14
3	1998 年	85.1955	10798.18	9875.95
4	1999 年	90.5644	13187.67	11444.08
5	2000 年	100.2801	15886.50	13395.23
6	2001 年	110.8631	18902.58	16386.04

7	2002 年	121.7174	22053.15	18903.64
8	2003 年	137.4220	24649.95	21715.25
9	2004 年	161.8402	28486.89	26396.47
10	2005 年	187.3189	33930.28	31649.29
11	2006 年	219.4385	40422.73	38760.20
12	2007 年	270.2323	49781.35	51321.78
13	2008 年	319.5155	62592.66	61330.35
14	2009 年	349.0814	76299.93	68518.30
16	2011 年	489.3006	109247.79	103874.43
17	2012 年	540.3674	125952.97	117253.52
18	2013 年	595.2444	140212.10	129209.64
19	2014 年	643.9740	151785.56	140370.03

（三）数据排序

如果要对数据框中某个变量进行分析，就需要指定这些特定的变量。例如要使用变量"GDP"，需采取 example1_1_1$ GDP 的方式去指定，如果按该变量排序，使用 order（）函数可完成对数据框的排序（默认是升序，降序时在排序变量前加减号"－"，或设定参数 decreasing = TRUE），见文本框 1 - 13。

文本框 1 - 13

```
newdata <- example1 _1 _1 [ order ( example1 _1 _1 $ GDP,decreasing =
TRUE),]#将排序结果存储于 newdata 中
newdata              #显示排序后的数据
```

	时间	GDP	全国财政支出	全国财政收入
20	2015 年	689.0521	175877.77	152269.23
19	2014 年	643.9740	151785.56	140370.03
18	2013 年	595.2444	140212.10	129209.64
17	2012 年	540.3674	125952.97	117253.52
16	2011 年	489.3006	109247.79	103874.43
15	2010 年	413.0303	89874.16	83101.51

14	2009 年	349.0814	76299.93	68518.30
13	2008 年	319.5155	62592.66	61330.35
12	2007 年	270.2323	49781.35	51321.78
11	2006 年	219.4385	40422.73	38760.20
10	2005 年	187.3189	33930.28	31649.29
9	2004 年	161.8402	28486.89	26396.47
8	2003 年	137.4220	24649.95	21715.25
7	2002 年	121.7174	22053.15	18903.64
6	2001 年	110.8631	18902.58	16386.04
5	2000 年	100.2801	15886.50	13395.23
4	1999 年	90.5644	13187.67	11444.08
3	1998 年	85.1955	10798.18	9875.95
2	1997 年	79.7150	9233.56	8651.14
1	1996 年	71.8136	7937.55	7407.99

（四）变量名绑定与松绑

在进行数据分析时，变量通常保存在数据框中，例如要使用数据框 example1_1_1 中的变量"GDP"，需采取 example1_1_1$GDP 的方式，显得比较麻烦，如果想直接使用 example1_1_1 的所有变量，可用 attach() 函数对变量进行绑定，见文本框 1-14。

文本框 1-14

```
GDP    #未绑定前
```
```
错误:找不到对象"GDP"
```
```
attach(example1_1_1)    #变量绑定后,example1_1_1 中的变量名可单独使用
head(GDP,10)    #绑定后,查看前十行的数据
```
```
[1]71.8136   79.7150   85.1955   90.5644   100.2801   110.8631
121.7174   137.4220   161.8402   187.3189
```

注：查看最后几行的数据可使用命令：tail(example1_1_1)，默认值为 6 行。

需要注意的是，在使用完这些变量后，最好将变量松绑，否则变量名会跟其他文件中相同的变量名冲突，变量松绑的命令为 detach()，用 detach（example1_1_1）后，example1_1_1 中的变量名不可单独使用。

习 题

1. 从网站 https：//www. r-project. org 上下载并安装最新版本的 R 软件，下载本章建议的常用程序包。

2. 从网站 https：//www. rstudio. com 上下载 Rstudio。

3. 某个问题的答案有四种选项：A、B、C 和 D。一个拥有 200 个答案的样本中包含 60 个 A、48 个 B、42 个 C 和 50 个 D。在 R 中输入该数据，保存为 R 数据文件格式。

4. 如何用 R 命令读取文本数据？

5. 如何用 R 命令读取 Excel 数据？

6. 多元统计分析的主要用途有哪些？

7. 多元统计分析方法有哪些？

8. 举两个多元统计分析的例子，并说明可以采用哪种多元统计分析方法？

第二章

多元数据描述统计分析 I：
表格法和图形法

我们在进行任何多元统计分析之前，通常会用各种图形或表格来对数据进行描述性统计分析。

第一节 表 格 法

一、展示定性数据的表格：频数分布表

频数分布（frequency distribution）是一种数据的表格汇总，表示在几个互不重叠组别中的每一组项目的个数（即频数）。[1]

（一）简单频数表

将一组定性数据按类别分为不同组，然后将各观察值归纳到各组中，最后清点各组的观察值个数（称频数），以表格形式表示之，称为频数分布表又称"频次分布表"，简称"频数表"。

【例 2 −1】（数据：example2_1. RData）数据来自 vcd 包中的 Arthritis 数据集，这个数据集来自科茨克和爱德华（Kock & Edward，1988），表示了一项风湿性关节炎新疗法的双盲临床实验的结果。数据集含有 5 个变量，患者编号、治疗情况（安慰剂治疗：Placebo；用药治疗：Treated）、性别（男性：Male；女性：Female）、年龄和改善情况（无改善：None；一定程度改善：Some；显著改善：Marked）。生成频数分布

---

① 戴维・R. 安德森（David R. Anderson）等：《商务与经济统计》，机械工业出版社 2010 年版。

表，观察患者在性别、治疗情况以及改善情况的分布状况。[①]

解：这里涉及三个定性变量，即患者的治疗情况（安慰剂治疗、用药治疗）、性别（男性、女性）和改善情况（无改善、一定程度改善和显著改善）。生成单变量频数分布表可用函数 summary( )、table( ) 来实现。函数 summary（object，…）是产生汇总结果的一般性函数，参数 object 是要产生结果的对象。函数 summary 遇到定性变量时，产生频数分布表；遇到定量变量时，产生概括性统计量。函数 table 可用于生成一个定性变量的简单频数表，也可以生成两个定性变量的列联表，见文本框 2 – 1。

文本框 2 – 1

```
load("C:/text/ch2/example2_1.RData")
summary(example2_1[,-1])#使用 summary 函数生成频数分布表
```

```
治疗情况性别年龄改善情况

Placebo:43   Female:59   Min.   :23.00   None:42
Treated:41   Male  :25   1st Qu.:46.00   Some  :14
                         Median:57.00    Marked:28
                         Mean   :53.36
                         3rd Qu.:63.00
                         Max.   :74.00
```

```
attach(example2_1)
table2_1_1 <-table(改善情况)
table2_1_1    #生成患者改善情况的频数分布表
```

```
改善情况:
  None      Some     Marked
   42        14        28
```

生成患者改善情况的相对频数分布表，见文本框 2 – 2。

文本框 2 – 2

```
table2_1_2 <-prop.table(table2_1_1)  #生成患者改善情况的相对频数分
布表
table2_1_2
```

---

① Robert I. Kabacoff：《R 语言实战》，人民邮电出版社 2016 年版。

改善情况
```
   None          Some         Marked
0.5000000     0.1666667     0.3333333
```

生成患者改善情况的百分比相对频数分布表,见文本框 2 - 3。

文本框 2 - 3

```
prop.table(table2_1_2)*100   #生成患者改善情况的百分数频数分布表
```

改善情况
```
   None          Some         Marked
 50.00000     16.66667     33.33333
```

患者在性别、治疗情况的频数分布可类似得到。

(二) 二维列联表

二维列联表 (contingency table) 是由两个定性变量交叉分类形成的频数分布表,也称交叉表 (cross table)。例如,对 [例 2 - 1] 的 3 个定性变量,可以生成治疗情况与性别、治疗情况与改善情况、性别与改善情况的列联表,分别观察交叉频数的分布情况,见文本框 2 -4。

文本框 2 -4

```
table2_1_3 <-table(治疗情况,改善情况)   #治疗情况是行向量,改善情况是列
向量
addmargins(table2_1_3)   #为表格添加边际和
```

改善情况

治疗情况	None	Some	Marked	Sum
Placebo	29	7	7	43
Treated	13	7	21	41
Sum	42	14	28	84

```
prop.table(table2_1_3)   #生成相对频数二维列联表
addmargins(prop.table(table2_1_3))   #为表格添加边际和
```

改善情况				
治疗情况	None	Some	Marked	Sum
Placebo	0.34523810	0.08333333	0.08333333	0.51190476
Treated	0.15476190	0.08333333	0.25000000	0.48809524
Sum	0.50000000	0.16666667	0.33333333	1.00000000

```
prop.table(table2_1_3)*100#生成百分数二维列联表
addmargins(prop.table(table2_1_3)*100)   #为表格添加边际和
```

改善情况				
治疗情况	None	Some	Marked	Sum
Placebo	34.523810	8.333333	8.333333	51.190476
Treated	15.476190	8.333333	25.000000	48.809524
Sum	50.000000	16.666667	33.333333	100.000000

注：addmargins(A) 为表格加上边际和，参数 A 为表格或数组。若只对行向量求和为 addmargins(A, 1)；只对列向量求和为 addmargins(A, 2)。table 函数默认忽略缺失值（NA），要在频数统计中将 NA 视为一个有效的类型，请设定参数 useNA = "ifany"。

使用 gmodels 包中的 CrossTable( ) 函数也可以创建二维列联表，见文本框 2－5。

文本框 2－5

```
library(gmodels)
CrossTable(治疗情况,改善情况)
```

```
                           N
   Chi - square contribution
              N/Row Total
              N/Col Total
              N/Table Total

Total Observations in Table: 84
```

治疗情况	改善情况			
	None	Some	Marked	Row Total
Placebo	29	7	7	43
	2.616	0.004	3.752	
	0.674	0.163	0.163	0.512
	0.690	0.500	0.250	
	0.345	0.083	0.083	
Treated	13	7	21	41
	2.744	0.004	3.935	
	0.317	0.171	0.512	0.488
	0.310	0.500	0.750	
	0.155	0.083	0.250	
Column Total	42	14	28	84
	0.500	0.167	0.333	

CrossTable() 函数有很多选项：计算行、列、单元格的百分比；指定小数位数；进行卡方、Fisher 和 McNemar 独立性检验；计算期望和（皮尔逊、标准化、调整的标准化）残差；将缺失值作为一种有效值；进行行和列标题的标注等，参阅 help (CrossTable)。

（三）多维列联表

多维列联表（multidimensional contingency table）是由三个或三个以上定性变量交叉分类形成的频数分布表。例如，对［例 2 - 1］的 3 个定性变量，可以生成一个三维列联表，分别观察治疗情况、性别与改善情况交叉频数的分布状况。ftable (A，…) 函数可以按 A 中变量的原始排列顺序列表，将最后一个变量作为列变量，参数 A 为一个列表、数据框或列联表对象。

生成三维列联表，见文本框 2 - 6。

文本框 2 - 6

```
newdata <-example2_1[,c( -1, -4)]#删除数据集中定量变量
table2_1_4 <-ftable(newdata)  #生成三维列联表
table2_1_4
```

		改善情况		
		None	Some	Marked
治疗情况	性别			
Placebo	Female	19	7	6
	Male	10	0	1
Treated	Female	6	5	16
	Male	7	2	5

```
table2_1_5 <- ftable(newdata,row.vars = c("治疗情况","改善情况"),
col = "性别")#生成行向量为治疗情况和改善情况,列向量为性别的三维列联表
table2_1_5
```

		性别	
		Female	Male
治疗情况	改善情况		
Placebo	None	19	10
	Some	7	0
	Marked	6	1
Treated	None	6	7
	Some	5	2
	Marked	16	5

生成相对频数分布表，见文本框 2 - 7。

文本框 2 - 7

```
prop.table(table2_1_5)   #生成相对频数分布表
ftable(addmargins(prop.table(table(newdata$治疗情况,newdata$
改善情况,newdata$性别))))   #为表格添加边际和
```

		Female	Male	Sum
Placebo	None	0.22619048	0.11904762	0.34523810
	Some	0.08333333	0.00000000	0.08333333
	Marked	0.07142857	0.01190476	0.08333333
	Sum	0.38095238	0.13095238	0.51190476
Treated	None	0.07142857	0.08333333	0.15476190
	Some	0.05952381	0.02380952	0.08333333

	Marked	0.19047619	0.05952381	0.25000000
	Sum	0.32142857	0.16666667	0.48809524
Sum	None	0.29761905	0.20238095	0.50000000
	Some	0.14285714	0.02380952	0.16666667
	Marked	0.26190476	0.07142857	0.33333333
	Sum	0.70238095	0.29761905	1.00000000

生成百分数频数分布表,见文本框 2 - 8。

文本框 2 - 8

```
prop.table(table2_1_5)*100    #生成百分数频数分布表
ftable(addmargins(prop.table(table(newdata$治疗情况,newdata$
改善情况,newdata$性别)))*100)    #为表格添加边际和
detach(example2_1)
```

		Female	Male	Sum
Placebo	None	22.619048	11.904762	34.523810
	Some	8.333333	0.000000	8.333333
	Marked	7.142857	1.190476	8.333333
	Sum	38.095238	13.095238	51.190476
Treated	None	7.142857	8.333333	15.476190
	Some	5.952381	2.380952	8.333333
	Marked	19.047619	5.952381	25.000000
	Sum	32.142857	16.666667	48.809524
Sum	None	29.761905	20.238095	50.000000
	Some	14.285714	2.380952	16.666667
	Marked	26.190476	7.142857	33.333333
	Sum	70.238095	29.761905	100.000000

二、展示定量数据的表格:频数分布表

定量数据可以转化成定性数据,这一过程称为数据离散化。当定量数据经过离散化处理后,上面介绍的图表方法均适用。此外,定量数据还有一些特定的图表展

示方法。

生成定量数据的频数分布表时，现将原始数据按照某种标准分成不同的组别，然后统计出各组别的数据频数。例如，将一个班学生的考试成绩分成五组：60 分以下、60 ~ 69 分、70 ~ 79 分、80 ~ 89 分、90 ~ 100 分，然后统计出每个组别的学生人数，即可生成一张频数分布表。

【例 2 - 2】（数据：example2_2. RData）表 2 - 1 是某购物网站连续 120 天的销售数据，生成一张频数分布表，并计算各组频数的百分比和累计百分比。[1]

表 2 - 1　　　　　　　　　　某购物网站 120 天销售数据

272	197	225	183	200	217	210	205	191	186
181	236	172	195	222	253	205	217	224	238
225	198	252	196	201	206	212	237	204	216
199	196	187	239	224	248	218	217	224	234
188	199	216	196	202	181	217	218	188	199
240	200	243	198	193	207	214	203	225	235
191	172	246	208	203	172	206	219	222	220
204	234	207	199	261	207	215	207	209	238
192	165	243	252	203	216	265	222	226	196
212	254	167	200	218	205	215	218	228	233
194	171	203	238	235	209	233	226	229	206
241	203	224	200	208	210	216	223	230	243

解：首先，确定组数，设组数为 K，根据 Sturges 的经验公式，则 K = 1 + lgn/lg2，本例有 120 个观测值，组数 K = 1 + lg(120)/lg2 = 7. 906891，这里取整数可分为 8 组。

其次，计算各组的组距，组距 =（最大值 - 最小值）/组数，本例数据最大值为 272，最小值为 165，则组距 = (272 - 165)/8 = 13. 375。一般组距宜取 5 或 10 的整数倍，因此组距可取 15。为避免数据遗漏，第一组的下限应低于最小值，最后一组的上限应高于最大值。

最后，计算出各组的频数，在计算各组频数时，等于某一组的上限的变量值一般不算在本组中，而算在下一组，即一组的数值包含下限而不包含上限，见文本框 2 - 9。

---

① 贾俊平：《统计学》，中国人民大学出版社 2014 年版。

文本框 2 – 9

```
load("c:/text/ch2/example2_2.RData")
attach(example2_2)
vector <- as.vector(销售额)
library(plyr)
count <- table(cut(vector,breaks = 15 * (11:19),right = FALSE))
fcount <- data.frame(count)
percent <- fcount$Freq/sum(fcount$Freq) * 100
cumsump <- cumsum(percent)
mytable <- data.frame(count,percent,cumsump)
mytable
```

	Var1	Freq	percent	cumsump
1	[165,180)	6	5.0000000	5.00000
2	[180,195)	12	10.0000000	15.00000
3	[195,210)	39	32.5000000	47.50000
4	[210,225)	29	24.1666667	71.66667
5	[225,240)	20	16.6666667	88.33333
6	[240,255)	11	9.1666667	97.50000
7	[255,270)	2	1.6666667	99.16667
8	[270,285)	1	0.8333333	100.00000

```
name <- paste(seq(165,270,by = 15)," - ",seq(180,285,by = 15),sep = "")
tt <- data.frame("频数" = fcount$Freq,"百分比" = percent,"累积百分比" = cumsump,row.names = name)
tt
detach(example2_2)
```

	频数	百分比	累积百分比
165 –180	6	5.000	5.000
180 –195	12	10.000	15.000
195 –210	39	32.500	47.500
210 –225	29	24.167	71.667

225 – 240	20	16.667	88.334
240 – 255	11	9.167	97.501
255 – 270	2	1.667	99.168
270 – 285	1	0.833	100.001

第二节　展示定性数据的图形

一、条形图

条形图通过垂直的或水平的宽度相同条形展示了定性变量的分布（频数）。若类别放在纵轴的条形图称为水平条形图（horizontal bar plot）；类别放在横轴的条形图称为垂直条形图（vertical bar plot）。

（一）简单条形图

当只有一个定性变量时，类别放在横轴，类别频数放在纵轴，即可绘制一幅垂直的简单条形图（simple bar plot）。使用选项 horiz = TRUE 则会生成一幅水平条形图。选项 main 可添加一个图形标题，选项 xlab 和 ylab 会分别添加 x 轴和 y 轴标签，见文本框 2 – 10。

文本框 2 – 10

```
load("C:/text/ch2/example2_1.RData")
attach(example2_1)
par(mfrow = c(1,3))  #图的排列方式一行三列
plot(治疗情况,main = "简单条形图",xlab = "治疗情况",ylab = "Frequen-
cy")
plot(性别,main = "简单条形图",xlab = "性别",ylab = "Frequency")
plot(改善情况,horiz = TRUE,main = "简单条形图",xlab = "Frequency",
ylab = "改善情况")
```

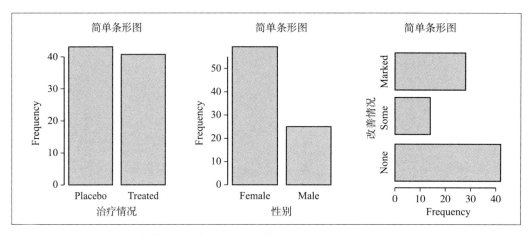

注：函数 par( ) 能够对 R 的默认图形做出大量修改。如 par(las = 2) 表示标签垂直于坐标轴，R 默认是标签平行于坐标轴（las = 0）。

（二）复式条形图和棘状图

如果有两个定性变量，就可以绘制复式条形图。使用函数 beside = FALSE（默认），复式条形图将是一幅堆砌条形图（stacked bar plot）；若 beside = TRUE，复式条形图将是一幅分组条形图（juxtaposed bar plot），见文本框 2 – 11。

文本框 2 – 11

```
newdata1 <- table(改善情况,治疗情况)
par(mfrow = c(2,2))
barplot(newdata1,xlab = "治疗情况",ylab = "频数",ylim = c(0,40),col = c
("red","green","yellow"),legend = rownames(newdata1),args.legend =
list(x = 6),beside = TRUE,main = "(a)治疗情况分组条形图")
barplot(newdata1,xlab = "治疗情况",ylab = "频数",ylim = c(0,50),col =
c ( " red "," green "," yellow "), legend = rownames ( newdata1 ),
args.legend = list(x = 3),main = "(b)治疗情况堆砌形图")
newdata2 <- table(改善情况,性别)
barplot(newdata2,xlab = "性别",ylab = "频数",ylim = c(0,40),col =
c(" red "," green "," yellow "), legend = rownames ( newdata2 ),
args.legend = list(x = 7),beside = TRUE,main = "(c)性别分组条形图")
barplot(newdata2,xlab = "性别",ylab = "频数",ylim = c(0,60),col =
c(" red "," green "," yellow "), legend = rownames ( newdata2 ),
args.legend = list(x = 3),main = "(d)性别堆砌条形图")
```

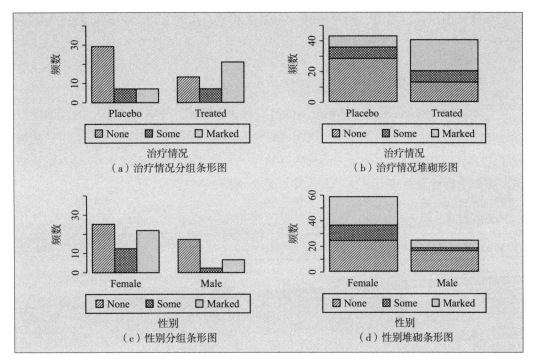

（a）治疗情况分组条形图　　　　　（b）治疗情况堆砌形图

（c）性别分组条形图　　　　　　　（d）性别堆砌条形图

注：ylim = c( ) 设定坐标轴的取值范围，legend 设定图例，args. legend 设置图例的位置参数。

棘状图（spinogram）是条形图的一种特殊形式。棘状图对堆砌条形图进行了重缩放，每个条形的高度为 1，每一段的高度表示比例，面积表示样本量。棘状图可由 vcd 包中的函数 spine( ) 实现，见文本框 2 – 12。

文本框 2 – 12

```
library(vcd)
counts <-table(治疗情况,改善情况)
Spine(counts,main = "棘状图")
```

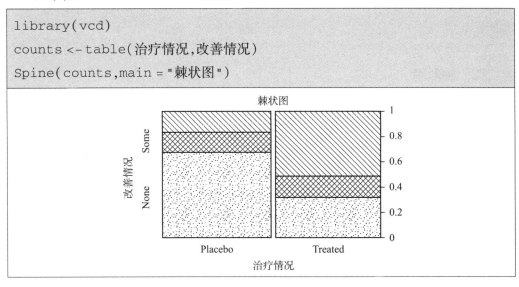

从棘状图中可以看出,治疗组和安慰剂组相比,患者获得显著改善的比例明显更高。

（三）马赛克图

马赛克图（mosaic plot）是条形图的另一种表现形式。当有两个以上的定性变量时,很难用普通的条形图来展示,这时可以绘制马赛克图,马赛克图中嵌套矩形的面积正比于单元格的频数。函数 mosaicplot(x, ~) 中的 x 为列联表, ~ 右侧为定性变量,多个定性变量之间用" + "号连接,见文本框 2 – 13。

文本框 2 – 13

```
mosaicplot( ~治疗情况 +性别 +改善情况,color =1:3,main ="")
```

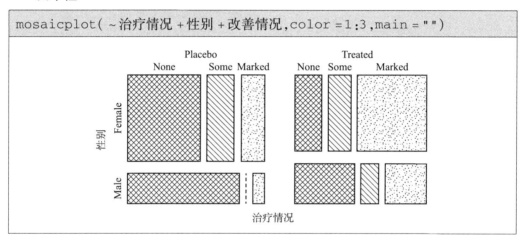

马赛克图中的相对高度和宽度取决于相应单元格的频数,矩形的长度与治疗情况有关,而高度与性别相关。可以看出,无论是女性还是男性,治疗组获得显著改善的比例更高。

二、饼形图

（一）饼图

饼图（pie chart）是描绘定性数据的相对频数和百分数频数分布的图形方法。为了绘制饼形图,我们首先画一个圆来代表所有的数据,然后用百分数频数把圆细分成若干扇形部分,这些扇形与每一组的相对频数相对应。使用 plotrix 包中的 pie3D( ) 函数可以绘制 3D 饼形图,见文本框 2 – 14。

文本框 2 - 14

```
par(mfrow = c(1,3))
slices <- table(改善情况)
lbls <- c("无改善","一定程度改善","显著改善")#labels 设置饼图各分区的
名称
pie(slices,labels = lbls,main = "简单饼形图")
pct <- round(slices/sum(slices)*100)
lbls2 <- paste(lbls,"",pct,"%",sep = "")   #paste(··;sep = "")是把
若干个 R 对象链接起来,各对象以 sep 指定的符号间隔
pie(slices,labels = lbls2,main = "百分比饼形图")
library(plotrix)
pie3D(slices,labels = lbls,explode = 0.1,main = "3D 饼形图")
```

（二）扇形图

扇形图（fan plot）是饼图的另外一种形式，它是将构成中百分比最大的一类绘制成一个扇形区域，而其他各类百分比按大小采用不同的半径绘制出扇形，并叠加在这个最大的扇形上，从而有利于比较各构成百分比的相对数量和差异[①]。使用 plotrix 包中的 fan.plot( ) 函数可以绘制扇形图，见文本框 2 - 15。

文本框 2 - 15

```
slices <- table(改善情况)
lbls <- c("无改善","一定程度改善","显著改善")
pct <- round(slices/sum(slices)*100)
lbls2 <- paste(lbls,"",pct,"%",sep = "")
```

---

① 贾俊平：《统计学——基于 R》，中国人民大学出版社 2017 年版。

```
fan.plot(slices,labels = lbls2,ticks = 100,col = c("gray30","gray
70","gray50"))
detach(example2_1)
```

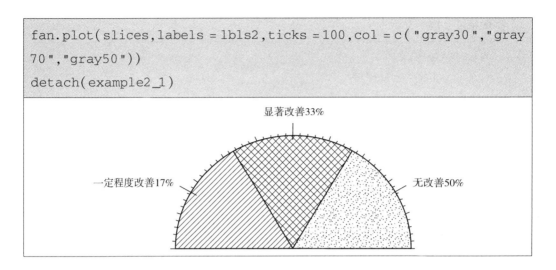

第三节　展示定量数据的图形

一、展示定量变量分布的图形

（一）直方图

直方图（histogram）是一种常用的定量数据的图形描述方式。由先前已汇总出的频数分布、相对频数分布或百分数频数分布等资料可构建直方图。将所关心的变量放置在横轴上，将频数、相对频数或百分数频数放置在纵轴上，以组距为底，以每组相应的频数、相对频数或百分数频数为高。例如，对［例 2 - 2］的销售额绘制各种直方图，见文本框 2 - 16。

文本框 2 - 16

```
load("c:/text/ch2/example2_2.RData")
attach(example2_2)#绑定直到茎叶图结束
par(mfrow = c(2,2))
hist(销售额,breaks = 8,xlab = "销售额",ylab = "频数",main = "(a)普通
直方图")#breaks = 设定组数
hist(销售额,breaks = 20,col = "bluc",xlab = "销售额",ylab = "频数",
main = "(b)分成20组")
```

```
hist(销售额,prob = TRUE,breaks = 20,xlab = "销售额",ylab = "密度",col =
"blue",main = "(c)增加轴虚线和核密度线")   #prob = TRUE,绘制纵轴为密度
的直方图
rug(销售额)   #将销售额在轴上再现出来,称为轴虚线
lines(density(销售额),col = "red")#为直方图增加核密度估计曲线
hist(销售额,prob = TRUE,breaks = 20,xlab = "销售额",ylab = "密度",
main = "(d)增加正态密度线直方图",col = "blue")
curve(dnorm(x,mean(销售额),sd(销售额)),add = T,col = "red")   #为直
方图增加均值为销售额均值、标准差为销售额标准差的正态曲线
rug(jitter(销售额))   #计算出销售额的各扰动点,将各扰动点添加在坐标轴上
```

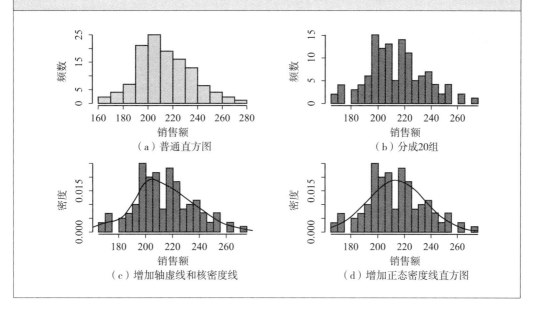

（a）普通直方图　　　　　　　　（b）分成20组

（c）增加轴虚线和核密度线　　　（d）增加正态密度线直方图

（二）茎叶图

茎叶图（Stem – and – Leaf display）又称"枝叶图"，20 世纪早期由英国统计学家阿瑟·鲍利（Arthur Bowley）设计，1977 年统计学家约翰·托奇（John Tukey）在其著作《探索性数据分析》（*Exploratory Data Analysis*）中对这种绘图方法详细进行了介绍。它的思路是将原始数据中的数按位数进行比较，将数的大小基本不变或变化不大的位作为一个主干（茎），将变化大的位的数作为分枝（叶），列在主干的后面，这样就可以清楚地看到每个主干后面的几个数，每个数具体是多少，见文本框 2 – 17。

文本框 2 –17

stem(销售额)
16 | 57
17 | 1222
18 | 1136788
19 | 11234566667889999
20 | 0000123333344555566677778899
21 | 0022455666677778889
22 | 0222344445556689
23 | 0334455678889
24 | 0133368
25 | 2234
26 | 15
27 | 2

当有两个样本且数据可比时，可以使用一个共同的茎，绘制背靠背（back to back）的茎叶图，见文本框 2 –18。

文本框 2 –18

```
library(aplpack)
stem.leaf.backback(销售额[1:60],销售额[61:120])
detach(example2_2)
```

	1 | 2:represents 12,leaf unit:1		
	销售额[1:60]	销售额[61:120]	
	| 16* |		
2	75 | 16. |		
5	221 | 17* |2		1
	| 17. |		
7	31 | 18* |1		2
9	87 | 18. |68		4

13	4321	19*	1	5
23	9998876665	19.	69	7
(11)	43333210000	20*	34	9
26	887	20.	55566677799	20
23	2	21*	0024	24
22	86	21.	5566677778889	(13)
20	442	22*	022344	23
17	55	20.	56689	17
15	4	23*	0334	12
14	9865	23.	5788	8
10	3310	24*	3	4
6	6	24.	8	3
5	422	25*	3	2
		25.		
2	1	26*		
		26.	5	1
1	2	27*		
n:	60		60	

背靠背茎叶图显示出前 60 天和后 60 天的销售额分布是有差异的。

（三）核密度图

核密度估计（kernel density estimation）是对直方图的一个自然拓展，用来估计未知的密度函数，属于非参数检验方法之一，由罗森布拉特（Rosenblatt，1955）和帕森（Emanuel Parzen，1962）提出，又名 Parzen 窗（Parzen window）。核密度图（kernel density plot）是对核密度估计的一种描述，利用该图可观察连续型变量的实际分布状况。前面绘制直方图时曾添加核密度曲线，绘制单变量核密度曲线可用函数 plot（density（））实现。核密度图还可以用于比较组间差异，使用 sm 包中的函数 sm.density.compare（）可叠加多组的核密度图。

核密度图的含义可解释为：

（1）核密度曲线的"峰"越高，表示此处数据越"密集"，"密度"越高；

（2）核密度曲线扁而宽（峰值降低、宽度加大），表示差异程度变大；

（3）核密度曲线向右移动，表示其水平不断提高；

（4）核密度曲线右尾拉长，表示差异增加。若右拖尾存在逐年拉长现象，分布延展性在一定程度存在拓宽趋势，意味着其差距在逐步扩大；

（5）核密度曲线右尾拉长多峰形态明显，说明多极分化现象。双峰向单峰过渡，说明两极分化现象在减弱；

（6）核密度曲线图中，波形向左移动（呈右偏态分布）、波峰垂直高度上升、水平宽度减小、波峰数量减小，则表明其核密度趋于向数值减小的方向移动，即差距呈缩小态势，存在动态收敛性特征。

【例 2 - 3】（数据：example2_3. RData）数据来自 R 的内置数据集 mtcars 这个数据集[1]记录了 32 种不同品牌轿车的 11 个属性。数据集含有 11 个变量，mpg（每加仑汽油行驶英里数）、cyl（汽缸数）、disp（排量（立方英寸））、hp（总马力）、drat（后轴比率）、wt（自重（1000 磅））、qsec（1/4 英里时）、vs（V/S）、am（传输类型（0 = 自动挡，1 = 手动挡））、gear（前驱动轮数）、carb（化油器数目）。绘制核密度曲线，观察拥有不同气缸车型的每加仑汽油行驶里数的分布状况。[2]

解：绘制核密度曲线，见文本框 2 - 19。

文本框 2 - 19

```
load("c:/text/ch2/example2_3.RData")
attach(example2_3)#绑定直到气泡图结束
library(sm)
cylf <- factor(cyl,levels = c(4,6,8),labels = c("4cylinder","
6cylinder","8cylinder"))
sm.density.compare(mpg,cyl,xlab = "每加仑汽油行驶英里数")    #绘制核
密度比较图
title(main = "不同气缸车型每加仑汽油行驶英里数")   #添加主标题
legend("topleft",legend = levels(cylf),lty = 4:6,col = 4:6)    #添加
图例
```

---

① Henderson and Velleman（1981），Building multiple regression models interactively. Biometrics，37，391 - 411.

② Robert I. Kabacoff：《R 语言实战》，人民邮电出版社 2016 年版。

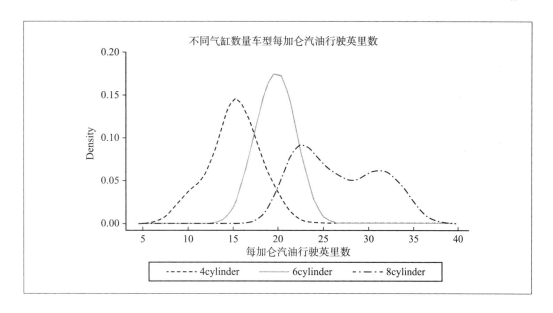

核密度图显示不同气缸车型每加仑汽油行驶英里数分布的核密度曲线是有差异的。六缸车型每加仑汽油行驶英里数的核密度曲线的"峰"最高，表示在20英里处的数据"密集"；八缸车型每加仑汽油行驶英里数的核密度曲线扁而宽（峰值降低、宽度加大），表示其行驶英里数的差异程度变大；随着气缸数的增加，每加仑汽油行驶英里数的核密度曲线向右移动，表示油耗水平不断提高；随着气缸数的增加，每加仑汽油行驶英里数的核密度曲线右尾拉长，表示差异增加，分布延展性在一定程度存在拓宽趋势，意味不同气缸数的每加仑汽油行驶英里数其差距在逐步扩大。

常见的分布曲线有正态分布曲线、偏态分布曲线、J形分布曲线和U形分布曲线。

正态分布曲线（如图2-1（A）所示）形如左右对称的倒挂的大钟，这是客观事物数量特征表现最多的一种频数分布曲线，如人的身高、体重、智商等，其所有的测量和观测误差等都服从正态分布。

偏态分布曲线（如图2-1（B）所示）根据长尾拖向哪一方又可分为正偏（或右偏）分布曲线和负偏（或左偏）分布曲线。例如，人均收入分配的曲线就是正偏曲线，即低收入的人数较多，而高收入的人数较少，二者的收入水平差距较大。

J形分布曲线（如图2-1（C）所示）又分为正J形分布曲线和反J形分布曲线。例如，经济学中的供给曲线是正J形曲线，需求曲线是反J形曲线。

U形分布曲线（如图2-1（D）所示）根据开口方向又分为正U形和倒U形分布曲线。如库兹涅兹曲线（Kuznets curve）即反映人均收入水平与分配公平程度之间关系的"倒U形曲线"。

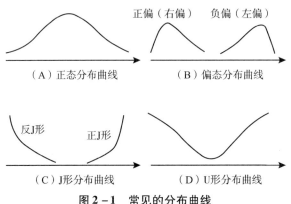

图 2-1 常见的分布曲线

（四）箱线图

箱线图（box plot）又称为盒须图、盒式图，是一种用于显示一组数据分散情况的统计图，因形状如箱子而得名。箱线图提供了一种只用 5 个点对数据集做简单总结的方式。这 5 个点包括中点、Q1、Q3、分布状态的高位和低位。可以使用并列箱线图进行跨组比较，例如，对［例 2-3］的数据利用并列箱线图观察拥有不同气缸车型的每加仑汽油行驶里数的分布状况，见文本框 2-20。

文本框 2-20

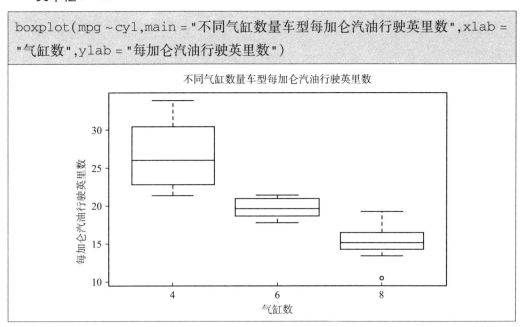

并列箱线图显示，不同气缸数量车型油耗的区别非常明显，六缸车型的每加仑汽油行驶的英里数分布较其他两类车型更为均匀；四缸车型的每加仑汽油行驶的英里数最分散，且正偏；八缸车型有一个离群点。

（五）点图

点图（dot plot）是将各数据用点绘制在图中，是检测数据离群点的有效工具，当数据量较少时，可以替代箱线图来观察实际的分布。以［例2-3］的数据为例，绘制不同气缸数量车型的每加仑汽油行驶英里数的点图，见文本框2-21。

文本框2-21

```
library(lattice)
dotplot(mpg ~ cyl,col = "blue",xlab = "气缸数",ylab = "每加仑汽油行驶
英里数",main = "不同气缸数量车型每加仑汽油行驶英里数")
```

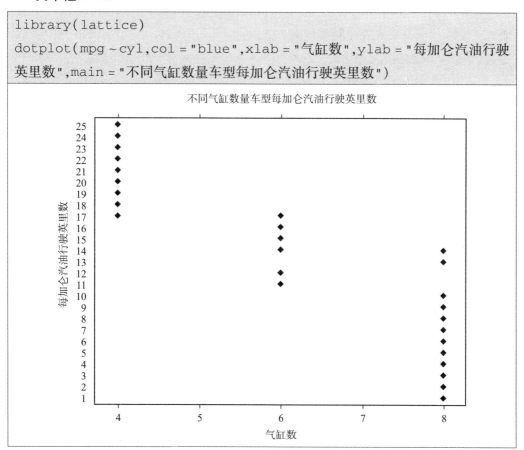

从不同气缸数量车型每加仑汽油行驶的英里数点图来看，随着气缸数的减少，每加仑汽油行驶的英里数有了增加，同时有些六缸车型的每加仑汽油行驶的英里数比有些八缸型的每加仑汽油行驶的英里数少，有些八缸车型每加仑汽油行驶的英里数较低。

二、展示定量变量关系的图形

（一）散点图

当有多个定量变量时，可以使用散点图（scatter diagram）来观察各变量之间的

关系。散点图是将两个变量的各对观测点画在平面直角坐标系中，并通过各观测点的分布来展示两个变量之间的关系。例如，绘制［例 2 - 3］数据集中每加仑汽油行驶英里数（mpg）与自重（wt）的散点图，见文本框 2 - 22。

文本框 2 - 22

```
par(mfcol = c(1,2))    #设置图的排列方式
plot(wt,mpg,main = "(a)普通带网格线散点图",type = "n",,xlab = "自
重",ylab = "每加仑汽油行驶英里数")    #type = "n"表示只绘制图框不绘制数
据,type = "p"绘制出点(默认)
grid()    #为图形增加网格线
points(wt,mpg,main = "(a)普通带网格线散点图")
rug(wt,side = 1,col = 4);rug(mpg,side = 2,col = 4)
plot(wt,mpg,main = "(b)带有拟合线散点图",xlab = "自重",ylab = "每加仑
汽油行驶英里数")
abline(lm(mpg ~wt),col = "red")#lm()是对数据回归,然后利用函数 abline
加上拟合线
rug(wt,side = 1,col = 4);rug(mpg,side = 2,col = 4);
```

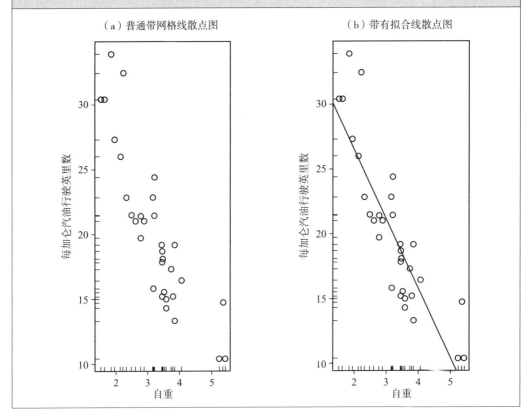

由散点图看出，自重越大，每加仑汽油行驶英里数越少。如果要同时比较多个变量两两之间的关系，可以绘制矩阵散点图（matrix scatter）。例如，绘制 [例 2 - 3] 数据集中每加仑汽油行驶英里数（mpg）、排量（disp）、后轴比率（drat）和自重（wt）四个变量的两两散点图，见文本框 2 - 23。

文本框 2 - 23

```
pairs( ~ mpg + disp + drat + wt,main = "普通矩阵散点图")
```

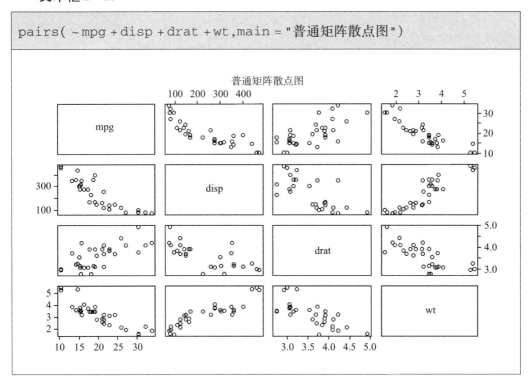

使用 car 包中的函数 scatterplotMatrix( ) 可以生成带有拟合线、最佳拟合曲线和直方图的矩阵散点图，见文本框 2 - 24。

文本框 2 - 24

```
library(car)

scatterplotMatrix( ~ mpg + disp + drat + wt,diagonal = TRUE,main =
"带有拟合线和核密度曲线的矩阵散点图",gap = 0.5)#diagonal = TRIUE 表示
在矩阵对角线上绘制核密度曲线,gap 用于调整各图之间的间距离
```

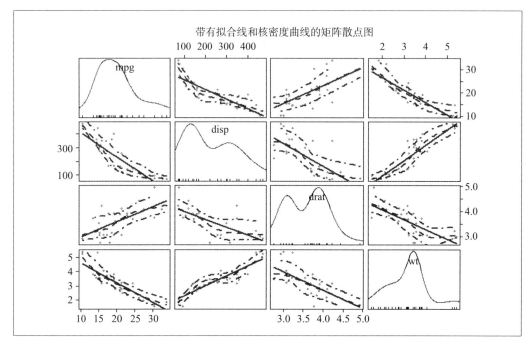

带有拟合线和核密度曲线的矩阵散点图

注：diagonal = TRUE，则矩阵散点图的对角线上绘制核密度曲线。

对于三个变量之间的关系，可以绘制三维散点图，例如，绘制 [例 2 - 3] 数据集中每加仑汽油行驶英里数（mpg）、自重（wt）和排量（disp）的三维散点图，见文本框 2 - 25。

文本框 2 - 25

```
library(scatterplot3d)
scatterplot3d(wt,disp,mpg,main = "每加仑汽油行驶英里数、自重和排量的
三维散点图")
```

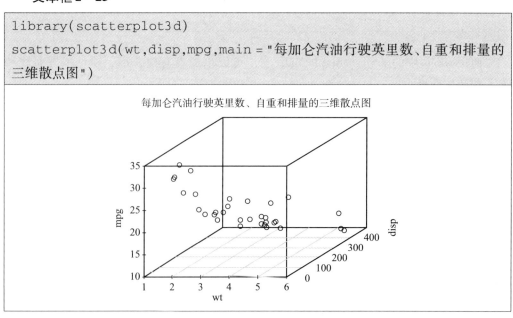

每加仑汽油行驶英里数、自重和排量的三维散点图

三维散点图增强了纵深感，函数 scatterplot3d( ) 提供了许多选项，可以添加连接点与水平面的垂直线，也可以添加一个回归面，更多信息请查看帮助：? scatterplot3d。

（二）气泡图

气泡图（bubble plot）是散点图的一个变种，对于三个变量之间的关系，除了可以绘制三维散点图外，也可以绘制气泡图，三个变量中第三个变量数值的大小由圆的大小表示。例如，绘制［例 2 - 3］数据集中每加仑汽油行驶英里数（mpg）、自重（wt）和排量（disp）的气泡图，气泡的大小代表发动机排量，见文本框 2 - 26。

文本框 2 - 26

```
r <- sqrt(disp/pi)
symbols(wt,mpg,circle = r,inches = 0.3,fg = "white",bg = "blue",
main = "每加仑汽油行驶英里数、自重和排量的气泡图",xlab = "自重",ylab =
"每加仑汽油行驶英里数")#circle = 第三个变量表示的圆的半径;inches = 半径
英寸;fg = 圆的颜色
text(wt,mpg,rownames(mtcars),cex = 0.6)  #text 为气泡增加样本标签
detach(example2_3)
```

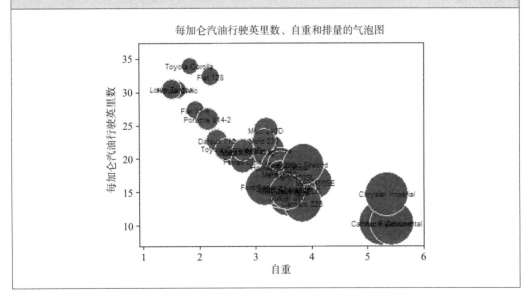

圆中的标签是样本标签，自重越大，排量越大；自重越大，每加仑汽油行驶英里数越少；每加仑汽油行驶英里数越多，排量越少，三者均为线性关系。

三、展示多变量相似性的图形

（一）　轮廓图

轮廓图（outline chart）也称为平行坐标图或多线图，横轴表示样本，纵轴表示每个样本的多个变量的取值，将同一样本在不同变量上的取值用折线连接，即为轮廓图。

【例 2-4】（数据：example2_4）表 2-2 是 2012 年按收入等级分的中国城镇居民家庭平均每人全年消费性支出数据，绘制轮廓图，比较不同收入等级的家庭消费支出的特点和相似性。

表 2-2　　　　2012 年按收入等级分的中国城镇居民家庭平均每人全年消费性支出　　　　单位：元

支出项目	食品	衣着	居住	家庭设备及用品	医疗保健	交通和通信	文教娱乐	其他
最低收入户（10%）	3310.4	706.8	832.6	405.4	602.8	723	548.3	172.1
较低收入户（10%）	4147.4	1045.5	924.5	569.3	669.6	954.4	1034.9	265
中等偏下户（20%）	5028.6	1408.2	1160.4	760	832.9	1393	1326.6	371.1
中等收入户（20%）	6061.4	1765.9	1384.3	1033.6	1096	2063.3	1785.5	529.9
中等偏上户（20%）	7102.4	2213.8	1708.7	1346.2	1248.9	2960.6	565.4	800.4
高收入户（10%）	8561	2767.5	2154.3	1827.9	1580	4304.1	3432.8	1169.4
最高收入户（10%）	10323.1	3928.5	3123.3	2807.3	1951.1	7971.1	5431.6	2125.7

资料来源：国家统计局网站，www. stats. gov. cn。

解：绘制轮廓图，见文本框 2-27。

文本框 2-27

```
load("C:/text/ch2/example2_4.RData")
matplot(t(example2_4[2:9]),type = "b",lty =1:7,col =1:7,xlab =
"支出项目",ylab ="消费金额",pch =1,xaxt ="n")
axis(side =1,at =1:8,labels = c("食品","衣着","居住","家庭设备及用
品","医疗保健","交通和通信","文教娱乐","其他"),cex.axis =0.6)
legend(x ="topright",legend = c("最低收入户","较低收入户","中等偏下
户","中等收入户","中等偏上户","高收入户","最高收入户"),lty =1:7,col =1:
7,text.width =1,cex =0.7)
```

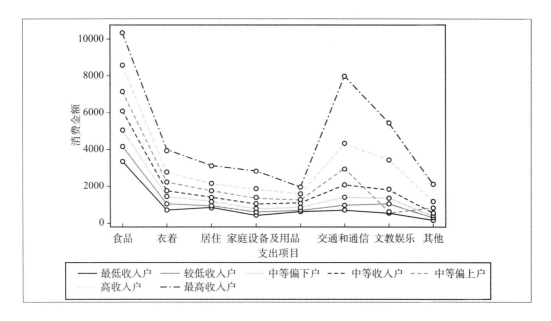

从轮廓图可以看出：相对高收入阶层的家庭平均每人各项消费支出普遍高于相对低收入阶层的家庭平均每人各项消费支出，尤其是 10% 的最高收入户家庭，各项消费金额明显偏高，而其他收入阶层的家庭平均每人消费支出相差不大；各收入阶层的家庭平均每人消费支出中，食品消费都是最多的，其他商品消费都是最少的；在交通和通信消费支出上，相对高收入阶层消费支出较多。由于轮廓图中的各条折线基本平行，说明各收入阶层的家庭平均每人消费支出结构具有较强的相似性。

（二）雷达图

雷达图（Radar Chart），又可称为戴布拉图、蜘蛛网图（Spider Chart）。从一个点出发，用每一条射线代表一个变量，将多个变量的数据点连接成线，即围成一个区域，多个样本围成多个区域，形成的就是雷达图，利用它也可以研究多个变量之间的相似性。例如，对［例 2 - 4］的数据绘制雷达图观察不同收入阶层的家庭平均每人消费支出结构的相似性，见文本框 2 - 28。

文本框 2 - 28

```
library(fmsb)
radarchart(example2_4[,2:9],axistype = 0,seg = 4,maxmin = FALSE,
vlabels = names(example2_4[,2:9]),pcol = 1:7,plwd = 1.5)
legend(x = "topleft",legend = c("最低收入户","较低收入户","中等偏下
户","中等收入户","中等偏上户","高收入户","最高收入户"),col = 1:7,lwd = 1,
text.width = 0.5,cex = 0.6)
```

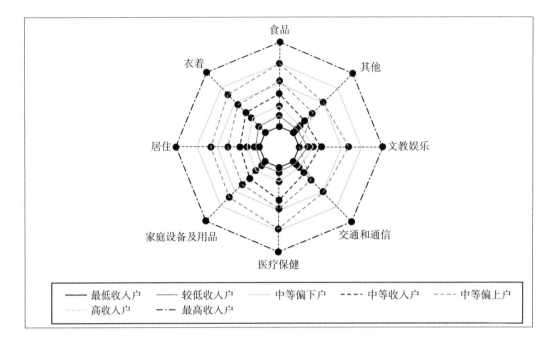

从雷达图也可以看出：相对高收入阶层的家庭平均每人各项消费支出普遍高于相对低收入阶层的家庭平均每人各项消费支出，尤其是 10% 的最高收入户家庭，各项消费金额明显偏高，而其他收入阶层的家庭平均每人消费支出相差不大；在各收入阶层的家庭平均每人消费支出中，食品消费都是最多的，其他商品消费都是最少的；在交通和通信消费支出上，相对高收入阶层消费支出较多。由于雷达图中的各条折线基本平行，说明各收入阶层的家庭平均每人消费支出结构具有较强的相似性。

（三）星图

星图（star plot）是雷达图的多元表示形式，它将每个变量的各个观察单位的数值表示为一个图形，n 个观测单位就有 n 个图，每个图的每个角表示变量。绘制星图时，各观察单位在不同变量上的数值差异不能太大，否则，星图不便于比较。例如，对 ［例 2 - 4］的数据绘制星图观察不同收入阶层的家庭平均每人消费支出结构的差异及各项消费支出在不同收入阶层差异，见文本框 2 - 29。

文本框 2 - 29

```
attach(example2_4)#绑定直到本节结束
newdata <- data.frame(食品,衣着,居住,家庭设备及用品,医疗保健,交通和通
信,文教娱乐,其他,row.names = example2_4[,1])
stars(newdata,key.loc = c(7,2,5),cex = 0.6)
```

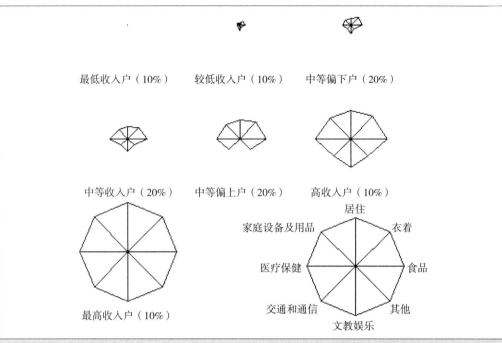

```
stars(t(newdata),full = FALSE,draw.segments = TRUE,key.loc = c
(7,2,5),cex = 0.6)#full = FALSE 指定绘制上半圆,full = TRUE 圆形(默认);
draw.segments 分支形状,TRUE(圆形),FALSE(半圆),key.loc = c(7,2,5)指
定标准星图的位置
```

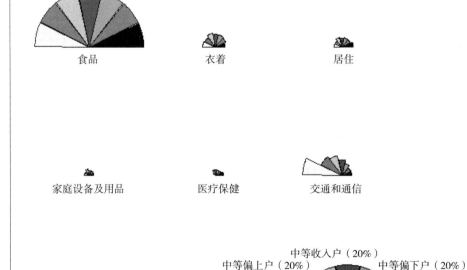

文本框 2-29 中第一个图是按照收入等级绘制的星图,右下角是标准星图,显示不同的坐标所代表的消费项目。由于最低收入户组与最高收入户组差异太大,星图仅为一个点。从各星图的大小可以看出,相对高收入阶层的家庭平均每人各项消费支出普遍高于相对低收入阶层的家庭平均每人各项消费支出,尤其是 10% 的最高收入户家庭,各项消费金额明显偏高,而其他收入阶层的家庭平均每人消费支出相差不大;各收入阶层的家庭平均每人消费支出中,食品消费都是最多的,其次是衣着和医疗保健,其他商品消费都是最少的。各个星图的形状十分相似,反映出各收入阶层的家庭平均每人消费支出结构具有较强的相似性。

文本框 2-29 中第二个图是按消费支出项目绘制的星图,右下角是标准星图,显示不同颜色的扇形所代表的收入等级,由于其他商品消费的数值与食品消费支出差异太大,星图仅为一个点。从各星图的大小可以看出,食品支出明显高于其他各项消费支出,在交通和通信及文教娱乐两项消费支出中,高收入阶层明显高于其他收入阶层。

(四)脸谱图

脸谱图(faces plot)是美国统计学家(Chernoff,1973)提出的,他将每个指标用人脸的某一部位的形状或大小来表达,脸谱图由 15 个变量决定脸部特征,若实际变量更多,多出的将被忽略;若实际变量较少,则某个变量可能同时描述脸部的几个特征。按照变量的取值,根据一定的数学函数关系来确定脸的轮廓及五官的部位、形状和大小等,每一个样品用一张脸谱来表示。例如,对〔例 2-4〕的数据绘制脸谱图观察不同收入阶层的家庭平均每人消费支出结构的差异及各项消费支出在不同收入阶层差异,见文本框 2-30。

文本框 2-30

```
library(aplpack)
faces(newdata,nrow.plot = 4,ncol.plot = 2,face.type = 0)#nrow.plot
图形显示行数,ncol.plot 图形显示列数,face.type = 1 或 2 可绘制不同形态的
彩色脸谱图
```

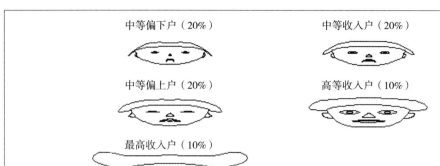

effect of variables：

modified item　　Var

"height of face""食品"

"width of face""衣着"

"structure of face""居住"

"height of mouth""家庭设备及用品"

"width of mouth""医疗保健"

"smiling""交通和通信"

"height of eyes""文教娱乐"

"width of eyes""其他"

"height of hair""食品"

"width of hair""衣着"

"style of hair""居住"

"height of nose""家庭设备及用品"

"width of nose""医疗保健"

"width of ear""交通和通信"

"height of ear""文教娱乐"

```
faces(t(newdata),nrow.plot =4,ncol.plot =2,face.type =0)
detach(example2_4)
```

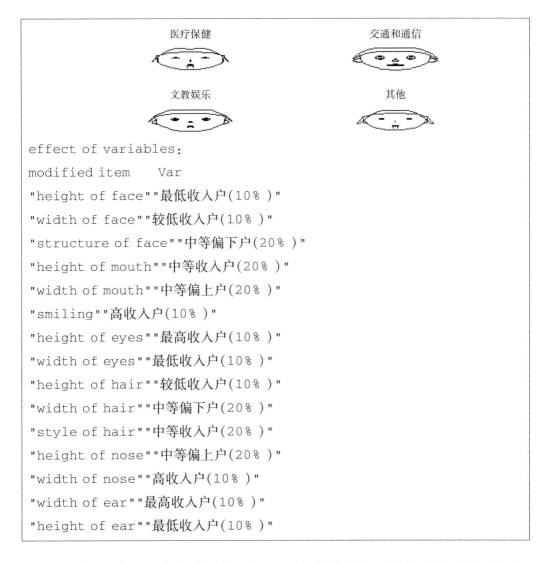

```
医疗保健                          交通和通信

文教娱乐                          其他

effect of variables:
modified item      Var
"height of face""最低收入户(10%)"
"width of face""较低收入户(10%)"
"structure of face""中等偏下户(20%)"
"height of mouth""中等收入户(20%)"
"width of mouth""中等偏上户(20%)"
"smiling""高收入户(10%)"
"height of eyes""最高收入户(10%)"
"width of eyes""最低收入户(10%)"
"height of hair""较低收入户(10%)"
"width of hair""中等偏下户(20%)"
"style of hair""中等收入户(20%)"
"height of nose""中等偏上户(20%)"
"width of nose""高收入户(10%)"
"width of ear""最高收入户(10%)"
"height of ear""最低收入户(10%)"
```

与其他图形相比，脸谱图生动、直观，能够非常形象地表达不同样品之间的差异。按收入等级绘制的脸谱图列出了各项消费支出代表的面部特征。从脸谱的大小和面部特征可以看出：不同收入等级的家庭平均每人各项消费支出有明显差异。以鼻子特征为例，最低收入户组、低收入户组和中等偏下户组十分相似，表明他们在家庭设备及用品消费支出上有较强的相似性；最高收入户组的面部特征与其他收入阶层有显著的不同，大眼睛、大耳朵和茂密的头发等特征表明他们在各项消费支出均明显高于其他收入阶层。按消费支出项目绘制的脸谱图，列出了各收入阶层代表的面部特征，从面部特征看出，食品消费支出明显高于其他各项消费支出，其他各项消费支出的收入阶层差异不大。

习　题

1. 某个问题的答案有四种选项：A、B、C 和 D。一个拥有 200 个答案的样本中包含 60 个 A、48 个 B、42 个 C 和 50 个 D。（1）求它的频数分布、相对频数分布和百分数频数分布；（2）绘出饼形图；（3）绘出条形图。

2. 某厂对 50 个计件工人某月份工资进行登记，数据见下表。[①]

某月份工人工资表　　　　　　　　　　　　单位：元

1465	1405	1355	1225	1000
1760	1755	1710	1605	1535
1985	1965	1910	1845	1810
2270	2240	2190	2040	2010
2980	2820	2600	2430	2290
1375	1295	1265	1175	1125
1735	1645	1625	1595	1575
1940	1880	1865	1835	1815
2220	2110	2095	2030	2030
2670	2550	2520	2370	2320

试按组距为 300 编制频数分布表，计算频数、相对频数和累积频数，并绘制直方图。

3. 在 2008 年 8 月 16 日举行的第 29 届北京奥运会男子 25 米手枪速射决赛中，获得前 6 名的运动员最后两组共 20 枪的决赛成绩如下表。[②]

第 29 届奥运会男子 25 米手枪速射决赛成绩　　　单位：环

姓名	亚历山大·彼得里夫利	拉尔夫·许曼	克里斯蒂安·赖茨	列昂尼德·叶基莫夫	基思·桑德森	罗曼·邦达鲁克
国籍	（乌克兰）	（德国）	（德国）	（俄罗斯）	（美国）	（乌克兰）
名次	1	2	3	4	5	6
决赛成绩	10.1	8.4	9.9	8.8	9.7	9.8
	8.4	9.6	10.7	10.7	10.5	9.2

---

① 王斌会：《多元统计分析及 R 语言建模》，暨南大学出版社 2016 年版。
② 贾俊平：《统计学》，中国人民大学出版社 2014 年版。

姓名	亚历山大·彼得里夫利	拉尔夫·许曼	克里斯蒂安·赖茨	列昂尼德·叶基莫夫	基思·桑德森	罗曼·邦达鲁克
国籍	（乌克兰）	（德国）	（德国）	（俄罗斯）	（美国）	（乌克兰）
决赛成绩	10.3	10.2	9	9.7	9	10.3
	10.2	10.8	10.5	9.6	9.6	7.2
	10.4	10.5	10.3	10	9	9.9
	9.6	10.3	10.6	10.2	9.9	10.5
	10.1	9.8	10	10.1	9.2	10.4
	10	10.9	7.9	10.2	9.7	10.9
	9.9	10.3	10.7	9.4	9.9	10.5
	10.2	10	10.4	10.3	8.1	10.3
	10.8	9.5	9.5	10.4	9.3	10.3
	10	10.2	9.9	9.8	10.1	10
	10.3	10.7	10.1	8.9	10.5	9.8
	10.5	10.1	9.9	10	10.2	9.2
	9.6	10.3	10.3	10	10	8.3
	9.8	9.7	9	9.1	9.9	9
	10.4	9.3	9.8	9.5	9.5	9.4
	10.3	10.3	10.8	9.8	9.7	9.8
	9.1	10	10.3	10.7	9.9	10.4
	10.2	9.6	10.7	10	9.9	9.6

选择适当的图形比较各运动员射击成绩的分布的特征，并分析各运动员的决赛成绩是否存在离群点。

4. 国民经济中的各个行业都有其自身的特点，反映在股市中，不同行业的上市规模、市场的流通性及其市场的收益率各个方面都存在显著的不同。为分析上市公司的行业分布，比较不同行业上市公司的规模、行情、市场流通性和平均市场收益率等之间的差异，收集到的数据如下表。

几大行业上市公司的财务指标

名称	平均偿债能力得分	平均盈利能力得分	平均运营能力得分	平均现金流量得分	平均成长性得分	平均财务能力得分	平均市盈率得分	平均市净率得分
农业	38.89	50.00	44.44	50.00	44.44	44.44	12.76	44.14
石油和天然气开采业	40.00	40.00	60.00	40.00	40.00	40.00	95.76	67.62
土木工程建筑业	41.38	58.62	44.83	44.83	58.62	62.07	13.01	52.89

续表

名称	平均偿债能力得分	平均盈利能力得分	平均运营能力得分	平均现金流量得分	平均成长性得分	平均财务能力得分	平均市盈率得分	平均市净率得分
铁路运输业	34.69	23.47	27.55	29.59	30.61	27.55	66.93	69.44
通信服务业	25.00	43.52	45.37	48.15	38.89	37.04	46.67	40.79
零售业	51.43	44.29	57.14	42.86	47.14	54.29	19.31	69.46
商业经纪与代理业	40.91	40.91	36.36	45.45	45.45	45.45	63.37	58.15
房地产业	38.39	39.29	50.89	49.11	40.18	56.25	57.64	45.24
旅游业	42.11	36.84	36.84	33.33	42.11	40.35	48.94	46.76
卫生、保健、护理服务业	42.11	36.84	36.84	33.33	42.11	40.35	48.94	46.76
信息传播服务业	57.14	57.14	57.14	71.43	42.86	42.86	45.55	34.89

试按本章介绍的多变量图示方法进行直观分析。

第三章

多元数据描述统计分析 II：数值方法

在对数据进行描述性统计分析时，除了用各种图表之外，也可以用概括统计量（summary statistic）来描述定量变量的数据。本章将介绍集中趋势的度量、离散程度的度量、分布形态的检测和相关程度的度量。如果这些度量是由来自样本的数据计算而来，则它们称为样本统计量。如果这些度量是由来自总体的数据计算而来的，则它们称为总体参数（population parameters）。由于样本本身是随机的，从同一个总体抽出来的不同样本也不一样。因此，对于不同数据或样本，统计量的取值也不一样，所以统计量是随机的。

第一节 集中趋势的度量

描述集中趋势的统计量主要有平均数、分位数和众数。

一、平均数（mean）

简单算术平均数（simple mean）是根据原始数据直接计算。一般地，设一组数据为 x_1，x_2，$\cdots$，x_n，其简单算术平均数计算的一般公式可表达为：

$$\bar{x} = \frac{x_1 + x_2 \cdots x_n}{n} = \frac{\sum\limits_{i=1}^{n} x_i}{n}$$

【例3-1】（数据：example3_1. RData）在某年级中随机抽取 10 名学生，得到每名学生的考试成绩如表 3-1 所示，计算各科考试分数的平均数及 10 名学生考试分数的平均数。

表 3－1   **10 名学生的考试成绩**

学生姓名	高等数学	统计学	西方经济学	大学英语	哲学
吴昊	85	68	86	84	89
崔欣欣	91	85	66	63	76
刘易阳	74	74	69	61	85
王新月	98	88	66	49	71
李毅	82	63	80	89	78
金昌河	84	78	60	51	60
宋莉莉	78	90	66	59	72
林玉英	97	80	70	53	73
张佳丽	51	58	85	79	91
何乐	70	69	82	91	85

解：计算各科考试分数的平均数及 10 名学生考试分数的平均数，见文本框 3－1。

文本框 3－1

```
load("C:/text/ch3/example3_1.RData")
colMeans(example3_1[2:6])#计算第二列至第六列各科考试分数的平均数
```

高等数学	统计学	西方经济学	大学英语	哲学
81.0	75.3	73.0	67.9	78.0

```
rowMeans(example3_1[-1])#计算出第一行外 10 名学生考试分数的平均数
```
```
[1] 82.4  76.2  72.6  74.4  78.4  66.6  73.0  74.6  72.8  79.4
```

二、分位数

将数据集按从小到大的顺序排列后，将数据划分为均匀的若干份，如 2 份、4 份等，其分割点就是相应的分位数（quantile）。

（一）中位数

将全部数据按变量值大小从小到大进行排列后等分为两部分，其分割点上的数值，即为中位数（median）。例如，确定 [例 3－1] 各门课程考试分数的中位数，见文本框 3－2。

文本框 3 - 2

```
apply(example3_1[2:6],2,median)
```

高等数学	统计学	西方经济学	大学英语	哲学
83.0	76.0	69.5	62.0	77.0

（二）四分位数

将全部数据按变量值大小从小到大进行排列，它是通过三个点将全部数据等分为四部分，其中每部分包含 25% 的数据，中间的四分位数（quartile）即为中位数，通常所说的四分位数是指处在 25% 和 75% 位置上的两个数值，分别称为第一四分位数（first quantile）和第三四分位数（third quantile）。例如，确定 [例 3 - 1] 各门课程考试分数的四分位数，见文本框 3 - 3。

文本框 3 - 3

```
apply(example3_1[2:6],2,quantile,probs = c(0.25,0.75))
```

	高等数学	统计学	西方经济学	大学英语	哲学
25%	75.0	68.25	66.0	54.50	72.25
75%	89.5	83.75	81.5	82.75	85.00

与中位数类似的还有八分位数、十分位数和百分位数等，它们分别是用 7 个点、9 个点和 99 个点将数据 8 等分、10 等分和 100 等分后各分位点上的数值。

三、众数

众数（Mode）是一组数据中出现次数最多的那个变量值，通常用 M_0 表示。如果数据集中，各变量值皆不相同，或各个变量值出现的次数皆相同，则没有众数。如果在数据集中，有两个标志值出现的次数都最多，称为双众数。例如，确定例 3 - 1 各门课程考试分数的众数。R 中没有专门计算众数的函数，可以利用确定向量 x 的最大值的位置函数 which. max (x) 来计算众数，见文本框 3 - 4。

文本框 3 - 4

```
which.max(table(example3_1$西方经济学))
```

66　（众数）

2　（数据集中的位置）

众数、中位数、平均数的比较如表 3-2 所示。

表 3-2　　　　　　　　　　　　　三个集中趋势度量的比较

众数	中位数	平均数
主要适用于定类变量	主要适用于定序变量	适用于定距或定比变量
最不稳定	较平均数的稳定性差	最稳定
容易计算，但不是永远存在，最不合适作为位置度量的代表值	只需中间的数据	计算时用到全部数据，数据信息提取最充分
有时候对个别值的变动很敏感	对极端值不敏感	受极端值的影响
分组变化时影响较大	分组变化时有些影响	分组变化时影响不大

第二节　离散程度的度量

变量的离散程度的度量则是将变量值的差异揭示出来，反映总体各变量值对其平均数这个中心的离中趋势。离散程度指标与位置指标分别从不同的侧面反映数据集的数值特征。一般来说，数据越分散，离散程度的度量统计量的值越大。

一、极差和四分位差

极差（range）也叫全距，常用 R 表示，它是一组数据的最大值与最小值之差，即：

$$R = \max(x_i) - \min(x_i)$$

盒形图盒子的长度为两个四分位数之差，称为四分位数极差或四分位间距（interquantile range），它描述了中间半数观测值的散布情况，常用 IQR 表示，即：

$$IQR = Q_{75\%} - Q_{25\%}$$

例如，计算［例 3-1］各门课程考试分数的极差和四分位差，见文本框 3-5。

文本框 3-5

```
attach(example3_1)
r1 <- max(高等数学) - min(高等数学)
r2 <- max(统计学) - min(统计学)
r3 <- max(西方经济学) - min(西方经济学)
r4 <- max(大学英语) - min(大学英语)
```

```
r5 <-max(哲学) -min(哲学)
x <-data.frame("高等数学极差" = r1,"统计学极差" = r2,"西方经济学极差" =
r3,"大学英语极差" = r4,"哲学极差" = r5)
x
```

高等数学极差	统计学极差	西方经济学极差	大学英语极差	哲学极差
47	32	26	42	31

```
apply(example3_1[2:6],2,IQR)
```

高等数学	统计学	西方经济学	大学英语	哲学
14.50	15.50	15.50	28.25	12.75

极差易受到异常值的影响，很少被单独用于度量离散程度。

二、方差和标准差

方差（variance）是离差平方和的平均数，即：

$$s^2 = \frac{\sum_{i=1}^{n} x_i^2}{n-1}$$

标准差（standard deviation）是方差的平方根，故又称均方差或均方差根，其计量单位与原始数据的计量单位相同。例如，计算［例 3-1］各门课程考试分数的方差及标准差，见文本框 3-6。

文本框 3-6

```
apply(example3_1[2:6],2,var)    #计算方差
```

高等数学	统计学	西方经济学	大学英语	哲学
194.44444	116.23333	87.11111	264.10000	91.77778

```
apply(example3_1[2:6],2,sd)    #计算标准差
```

高等数学	统计学	西方经济学	大学英语	哲学
13.944334	10.781156	9.333333	16.251154	9.580072

由于标准差和原始数据的计量单位相同，所以标准差更易于与原始数据的其他统计量进行比较。

三、变异系数

前面介绍的极差、四分位差、方差和标准差都是反映数据分散程度的绝对值，其数据的大小一方面取决于原变量值本身水平高低的影响，也就是与变量的平均数大小有关。因此，在对比分析中，不宜直接用上述各种离散程度指标来比较不同水平变量之间的离散程度，必须剔除变量水平的影响，必须用反映标志变异程度的相对指标来比较。

变异系数（coefficient of variation，CV）通常是用标准差来计算的，因此，也称为标准差系数，它是反映变量离散程度的相对程度，是一组数据的标准差与其对应的平均数之比，其计算公式如下：

$$CV = \frac{s}{\bar{x}}$$

变异系数的作用是比较不同总体或样本数据的离散程度。变异系数大的说明数据的离散程度也就大，变异系数小的说明数据的离散程度也就小。例如，计算［例3-1］各门课程考试分数的变异系数，见文本框3-7。

文本框3-7

```
mean <- apply(example3_1[2:6],2,mean)
sd <- apply(example3_1[2:6],2,sd)
cv <- sd/mean
x <- data.frame("平均分数"=mean,"标准差"=sd,"变异系数"=cv)
round(x,3)    #保留三位小数
```

	平均分数	标准差	变异系数
高等数学	81.0	13.944	0.172
统计学	75.3	10.781	0.143
西方经济学	73.0	9.333	0.128
大学英语	67.9	16.251	0.239
哲学	78.0	9.580	0.123

从变异系数可以看出，五门课程考试分数离散程度最大的是大学英语，离散程度最小的是哲学。

四、标准分

崔欣欣高等数学成绩91分，而另外一个班的宋佳佳高等数学成绩是90分，那么

如何比较不同班的两个同学的考试成绩才算合理呢？由于两个任课老师的评分标准不同，使得两个班成绩的均值和标准差都不一样，一个标准化的方法是把原始观测值和均值之差除以标准差，得到的度量称为标准得分（standard score，又称为 z-score），设标准分为 z，则计算公式为：

$$z = \frac{x_i - \bar{x}}{s}$$

实际上，任何样本经过这样的标准化后，就都变换成均值为 0、方差为 1 的样本。标准化后不同样本观测值的比较只有相对意义，没有绝对意义。标准化之后的数据虽然总的尺度和位置都变了，但是数据内部点的相对位置没有变化。比如，距离均值两倍标准差的一个点在标准化后距离均值还是两倍标准差。例如，计算［例 3-1］各门课程考试分数的标准分，见文本框 3-8。

文本框 3-8

```
x <- apply(example3_1[2:6],2,scale)
round(x,3)
```

	高等数学	统计学	西方经济学	大学英语	哲学
[1,]	0.287	-0.677	1.393	0.991	1.148
[2,]	0.717	0.900	-0.750	-0.302	-0.209
[3,]	-0.502	-0.121	-0.429	-0.425	0.731
[4,]	1.219	1.178	-0.750	-1.163	-0.731
[5,]	0.072	-1.141	0.750	1.298	0.000
[6,]	0.215	0.250	-1.393	-1.040	-1.879
[7,]	-0.215	1.363	-0.750	-0.548	-0.626
[8,]	1.147	0.436	-0.321	-0.917	-0.522
[9,]	-2.151	-1.605	1.286	0.683	1.357
[10,]	-0.789	-0.584	0.964	1.421	0.731

第一个学生高等数学的标准分是 0.287，表示这个学生的考试分数与平均分（81分）相比高出 0.287 个标准差；统计学的标准分 -0.667，表示这个学生的考试分数与平均分（75.3 分）相比低 0.667 个标准差，其余含义类似。根据标准分可以判定数据中是否存在离群点。经验表明：当一组数据对称分布时，约有 68% 的数据在以均值为中心，标准差为半径的区间内；约有 95% 的数据在以均值为中心，2 倍标准差为半径的区间内；约有 99% 的数据在以均值为中心，3 倍标准差为半径的区间内。通常低于或高于平均数 3 倍标准差的数据确定为离群点。

第三节　分布形状的检测

一、偏度

偏度（skewness）是描述数据分布对称性的统计量，而且也是与正态分布的对称性相比较而得到的。如果分布的偏度等于 0，则其数据分布的对称性与正态分布相同；如果偏度大于 0，则其分布为正偏或右偏，即在峰的右边有大的偏差值，使右边出现一个拖得较远的尾巴；如果偏度小于 0，则为负偏或左偏，即在峰的左边有大的偏差值，使左边出现一个拖得较远的尾巴（如图 3 – 1 所示）。记偏度为 SK，则计算公式为：

$$SK = \frac{n}{(n-1)(n-2)} \sum_{i=1}^{n} \left(\frac{x_i - \bar{x}}{s} \right)^3$$

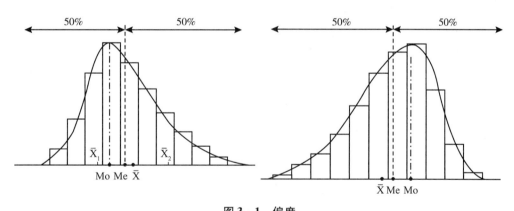

图 3 – 1　偏度

偏度取值范围一般在 0 与 ±3 之间。如果偏度 SK = 0，则表明此分布为对称分布；如果偏度 SK > 0，则表明此分布为右偏态；如果偏度 SK < 0，则表明此分布为左偏态。偏度 SK 为 + 3 与 – 3 分别表示极右偏态和极左偏态。

二、峰度

峰度（kurtosis）是描述某变量所有取值的分布形态陡缓程度的统计量，而峰度对陡缓程度的度量是与正态分布进行比较的结果。峰度是表明一个次数分布陡峭或平缓的指标。分布的峰度越大，分布形态便越陡峭，总体的数值便越集中；分布峰度越小，分布形态便越平缓，总体的数值便越分散，差异便越大（如图 3 – 2 所示）。

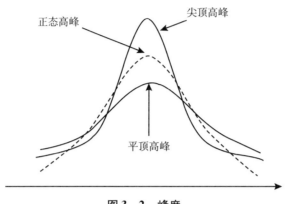

图 3 – 2　峰度

记峰度为 K，则计算公式为：

$$K = \frac{n(n+1)}{(n-1)(n-2)} \sum_{i=1}^{n} \left(\frac{x_i - \bar{x}}{s} \right)^4 - \frac{3(n-1)^2}{(n-2)(n-3)}$$

如果峰度 K = 0，则表明此分布为正态分布；如果峰度 K > 0，则表明此分布为陡峭；如果峰度 K < 0，则表明此分布为平缓。

实际统计分析中，通常将偏度和峰度结合起来运用，以判断变量分布是否接近于正态分布。例如，计算 ［例 3 – 1］ 各门课程考试分数的偏度和峰度，见文本框 3 – 9。

文本框 3 – 9

```
library(agricolae)
sk <- apply(example3_1[2:6],2,skewness)
k <- apply(example3_1[2:6],2,kurtosis)
x <- data.frame("偏度" = sk,"峰度" = k)
round(x,3)
```

	偏度	峰度
高等数学	−0.953	1.355
统计学	−0.157	−1.125
西方经济学	0.287	−1.625
大学英语	0.363	−1.733
哲学	−0.365	−0.263

从［例 3 - 1］各门课程考试分数的偏度看，五门课程考试分数都有一定的偏斜，高等数学、统计学和哲学考试分数的分布有一定的左偏，而西方经济学和大学英语考试分数有一定的右偏，但偏斜程度不高；从各门课程考试分数的峰度看，四门课程考试分数分布的峰值要比标准正态分布的峰值低。

第四节 相关关系的度量

一、协方差

协方差（covariance）就是度量两个变量间线性关系的统计量，设变量 X 的一组观测值为 x_1，x_2，$\cdots$，x_n，变量 Y 的一组观测值为 y_1，y_2，$\cdots$，y_n，记 X 与 Y 的协方差为 s_{xy}，则计算公式为：

$$s_{xy} = \frac{\sum_{i=1}^{n}(x_i - \bar{x})(y_i - \bar{y})}{n - 1}$$

若协方差 s_{xy} 是正的，则表示变量 X 与 Y 之间存在正的线性关系；若协方差 s_{xy} 是负的，则表示变量 X 与 Y 之间存在负的线性关系。协方差 s_{xy} 的值依赖于 X 与 Y 的计量单位，变量 X 与自身计算协方差即为方差。R 语言中，可用 cov( ) 函数计算协方差。例如，计算［例 3 - 1］各门课程考试分数的协方差，见文本框 3 - 10。

文本框 3 - 10

```
cov(example3_1[ -1])    #去掉第一列姓名
```

	高等数学	统计学	西方经济学	大学英语	哲学
高等数学	194.44444	100.88889	−69.66667	−120.6667	−80.77778
统计学	100.88889	116.23333	−83.22222	−137.7444	−69.66667
西方经济学	−69.66667	−83.22222	87.11111	135.4444	76.44444
大学英语	−120.66667	−137.74444	135.44444	264.1000	112.11111
哲学	−80.77778	−69.66667	76.44444	112.1111	91.77778

从协方差矩阵看，高等数学的考试分数与统计学的考试分数呈正相关，与西方经济学、大学英语和哲学的考试分数呈负相关，其余含义类似。

二、相关系数

1. 相关系数（correlationship）的计算

由于协方差 s_{xy} 的值依赖于 X 与 Y 的计量单位，不便于进行比较，将使用皮尔逊积距相关系数（简称为相关系数）对两变量间的相关关系进行度量。记 X 与 Y 的相关系数为 r_{xy}，则计算公式为：

$$r_{xy} = \frac{s_{xy}}{s_x s_y}$$

其中，$s_{xy} = \dfrac{\sum\limits_{i=1}^{n} (x_i - \bar{x})(y_i - \bar{y})}{n-1}$，$s_x = \sqrt{\dfrac{\sum\limits_{i=1}^{n} (x_i - \bar{x})^2}{n-1}}$，$s_y = \sqrt{\dfrac{\sum\limits_{i=1}^{n} (y_i - \bar{y})^2}{n-1}}$

皮尔逊积距相关系数是用样本协方差除以 x 的标准差与 y 的标准差的乘积，因此也称为标准协方差。一般来说，r_{xy} 的取值在 −1 与 +1 之间。若 $r_{xy} > 0$，表明两个变量是正相关，即一个变量的值越大，另一个变量的值也会越大；若 $r_{xy} < 0$，表明两个变量是负相关，即一个变量的值越大，另一个变量的值反而会越小。r_{xy} 的绝对值越大表明相关性越强，要注意的是这里并不存在因果关系。若 $r_{xy} = 0$，表明两个变量间不是线性相关，但有可能是其他方式的相关。

斯皮尔曼等级相关系数（Spearman's correlation coefficient for ranked data）主要用于解决定类数据和定序数据相关的问题。适用于两列变量，而且具有等级变量性质且具有线性关系的资料。斯皮尔曼等级相关系数由英国心理学家、统计学家斯皮尔曼根据积差相关的概念推导而来，一些人把斯皮尔曼等级相关系数看做积差相关的特殊形式。记 X 与 Y 的斯皮尔曼等级相关系数为 r_s，则计算公式为：

$$r_s = 1 - \frac{6 \sum\limits_{i=1}^{n} d^2}{n(n^2 - 1)}$$

其中，n 为样本数，d 为两变量 X、Y 的差值。等级相关系数 r_s 的值介于 −1 与 1 之间的。当 $r_s > 0$，提示两变量呈正相关；$r_s < 0$，提示两变量呈负相关；$r_s = 0$，提示两变量呈零相关。

肯德尔等级相关系数（kendall rank correlation coefficient for ranked data）经常用希腊字母 τ（tau）表示。肯德尔相关系数是一个用来度量两个变量相关性的统计量。肯德尔检验是一个无参数假设检验，它使用计算而得的相关系数去检验两个变量的统计依赖性。肯德尔等级相关系数的取值范围在 −1 到 1 之间，当 τ 为 1 时，表示两个变量拥有一致的等级相关性；当 τ 为 −1 时，表示两个变量拥有完全相反的等级相关性；当 τ 为 0 时，表示两个随机变量是相互独立的。

R 语言中，可用 cor(x， use = ， method =) 函数计算相关系数，其中 x 是数组；use 指定缺失数据的处理方式，可选的方式为：all. obs（假设不存在缺失数据—遇到缺失数据将报错）、everything（遇到缺失数据时，相关系数的计算结果将被设为 missing)、complete. obs（行删除）以及 pairwise. complete. obs（成对删除，pairwise deletion)；method 指定相关系数的类型。可选类型为 pearson、spearman 或 kendall。cor (x， use = ， method =) 函数默认参数为 use = "everything"， method = "pearson"。例如，计算 [例 3 - 1] 各门课程考试分数的皮尔逊相关系数，见文本框 3 - 11。

文本框 3 - 11

```
cor(example3_1[ -1])
```

	高等数学	统计学	西方经济学	大学英语	哲学
高等数学	1.0000000	0.6710892	-0.5352917	-0.5324825	-0.6046797
统计学	0.6710892	1.0000000	-0.8270603	-0.7861846	-0.6745139
西方经济学	-0.5352917	-0.8270603	1.0000000	0.8929769	0.8549493
大学英语	-0.5324825	-0.7861846	0.8929769	1.0000000	0.7201048
哲学	-0.6046797	-0.6745139	0.8549493	0.7201048	1.0000000

2. 相关系数的假设检验

从同一总体抽取若干样本，通常各样本的相关系数是不同的。要判断不等于 0 的样本相关系数 r 是来自总体相关系数 $\rho = 0$ 的总体还是来自 $\rho \neq 0$ 的总体，需要进行显著性检验。对样本相关系数的显著性检验步骤为：

（1）提出检验假设，H_0：$\rho = 0$，H_1：$\rho \neq 0$　　（$\alpha = 0.05$）。

（2）计算相关系数的 t 检验值：

$$t_r = \frac{r - 0}{\sqrt{\dfrac{1 - r^2}{n - 2}}}$$

（3）计算 p 值，作结论。

R 语言中，可用 cor. test(x， y， alternative = c（"two. sided（双侧）"，"less（左侧）"，"greater（右侧）"），method = c（"pearson"，"kendall"，"spearman"）) 函数进行样本相关系数的假设检验。例如，对 [例 3 - 1] 高等数学与统计学课程考试分数进行样本相关系数检验，见文本框 3 - 12。

文本框 3 – 12

```
attach(example3_1)
cor.test(高等数学,统计学)
Detach(example3_1)
```

```
        Pearson's product – moment correlation
data: 高等数学 and 统计学
t = 2.5603,df = 8,p – value = 0.03363
alternative hypothesis:true correlation is not equal to 0
95 percent confidence interval:
0.07180156 0.91436422
sample estimates:
cor
0.6710892
```

从检验结果看，高等数学与统计学课程考试分数的样本相关系数是 0.6710892，两门课程的考试分数在统计意义上是显著正相关的。也可以通过 psych 包中的 corr. test（x，use = "pairwise（缺失值执行成对删除）"或"complete（行删除）"，method = "pearson"（默认值）或，"kendall"或"spearman"）函数计算相关系数矩阵和进行样本相关系数检验，见文本框 3 – 13。

文本框 3 – 13

```
library(psych)
y <- example3_1[ –1]
corr.test(y,use = "complete",adjust = "none")
```

```
Call:corr.test(x = y,use = "complete",adjust = "none")
Correlation matrix
```

	高等数学	统计学	西方经济学	大学英语	哲学
高等数学	1.00	0.67	– 0.54	– 0.53	– 0.60
统计学	0.67	1.00	– 0.83	– 0.79	– 0.67
西方经济学	– 0.54	– 0.83	1.00	0.89	0.85
大学英语	– 0.53	– 0.79	0.89	1.00	0.72
哲学	– 0.60	– 0.67	0.85	0.72	1.00

```
Sample Size
```

```
[1] 10
Probability values
              高等数学    统计学   西方经济学 大学英语   哲学
高等数学        0.00      0.03      0.11      0.11     0.06
统计学          0.03      0.00      0.00      0.01     0.03
西方经济学      0.11      0.00      0.00      0.00     0.00
大学英语        0.11      0.01      0.00      0.00     0.02
哲学            0.06      0.03      0.00      0.02     0.00
```

习　　题

1. 续第二章习题 3

（1）计算有关的描述统计量，并进行分析。

（2）利用有关的统计量判断各运动员的决赛成绩是否存在离群点。

2. 续第二章习题 4

利用有关的统计量比较不同行业上市公司的规模、市场行情、市场流动性和收益率情况的异同。

3. 周末首映票房收入（百万美元）、总票房收入（百万美元）、放映电影的剧院数以及电影票房收入在排行榜前 60 名的周数是测量一部电影是否成功最常用的变量。10 部电影的成绩数据见下表。

10 部电影的成绩数据

电影	首映票房	总票房	剧院数	排名前 60 的周数
铁血教练	29.17	67.25	2574	16
等爱的女孩	0.15	6.65	119	22
蝙蝠侠	48.75	205.28	3858	18
猛虎出笼	10.90	24.47	1962	8
美丽坏宝贝	0.06	0.23	24	4
极度狂热	12.40	42.01	3275	14
哈利·波特与火焰杯	102.69	287.18	3858	13
怪兽婆婆	23.11	82.89	3424	16
鬼讯号	24.11	55.85	2279	7
史密斯夫妇	50.34	186.22	3451	21

资料来源：［美］戴维·R.安德森、丹尼斯·J.斯威尼、托马斯·A.威廉斯：《商务与经济统计》，张建华、王建、冯燕奇等译，机械工业出版社 2010 年版。

使用描述统计表格和图形方法来获得这些变量在解释一部电影成功上的作用。

（1）四个变量中每个变量的描述统计量，并对每个描述统计量得出的关于电影业的信息进行讨论；

（2）探究总票房收入与周末首映票房收入之间的散点图，并讨论；

（3）探究总票房收入与剧院数之间的散点图，并讨论；

（4）探究总票房收入与在排行榜前 60 名的周数之间的散点图，并讨论；

（5）哪些电影被认为是优异表现的异常值？请解释；

（6）列出总票房收入与其他几个变量中每一个之间相关关系的描述统计量，请解释。

第四章

多元回归分析

多元回归分析（multiple regression analysis）是多元统计分析的基础，多元回归分析是研究一个变量关于另一些变量的依赖关系的计算方法和理论，是通过后者的已知或设定值，去估计和（或）预测前者的（总体）均值。前一个变量被称为被解释变量（explained variable）或响应变量（dependent variable），后一些变量被称为解释变量（explanatory variable）或自变量（independent variable）。多元回归分析主要内容包括：根据样本观察值对经济计量模型参数进行估计，求得回归方程；对回归方程、参数估计值进行显著性检验；利用回归方程进行分析、评价和预测。

第一节　多元线性模型

一、模型定义

在实际经济问题中，一个变量往往要受到多个变量的影响，表现在线性回归模型中的解释变量有多个，多元线性回归模型的一般形式为：

$$Y_i = \beta_0 + \beta_1 X_{1i} + \beta_2 X_{2i} + \cdots + \beta_k X_{ki} + u_i \quad i = 1, 2, \cdots, n \tag{4-1}$$

其中，k 为解释变量的个数，n 为样本容量。人们习惯上把常数看成一个虚拟变量的系数，在参数估计过程中该虚拟变量的样本观测值始终取 1。这样，模型中解释变量的个数为（k + 1）。

由式（4-1）表示的 n 个方程的矩阵表达式为：

$$Y = XB + \mu \tag{4-2}$$

其中，

$$
X = \begin{bmatrix} 1 & x_{11} & x_{21} & \cdots & x_{k1} \\ 1 & x_{12} & x_{22} & \cdots & x_{k2} \\ \vdots & \vdots & \vdots & \cdots & \vdots \\ 1 & x_{1n} & x_{2n} & \cdots & x_{kn} \end{bmatrix}_{n \times (k+1)} \quad B = \begin{bmatrix} \beta_0 \\ \beta_1 \\ \beta_2 \\ \vdots \\ \beta_k \end{bmatrix}_{(k+1) \times 1} \quad \mu = \begin{pmatrix} u_1 \\ u_2 \\ \vdots \\ u_n \end{pmatrix}_{n \times 1}
$$

二、多元线性回归模型的基本假定

式（4-1）或式（4-2）在满足表4-1所列的基本假设的情况下，可以采用普通最小二乘法估计参数。

表4-1 关于经典回归模型的假定

标量符号	矩阵符号
1. 解释变量 X_1, X_2, $\cdots$, X_k 是非随机的或固定的；而且各 X 之间互不相关（无多重共线性）	1. $n \times (k+1)$ 矩阵 X 是非随机的：且 X 的秩 $\rho(X) = K + 1$，此时，$X^T X$ 也是满秩的
2. 随机误差项具有零均值、同方差及不序列相关 $E(u_i) = 0 \quad i = 1, 2, \cdots, n$ $Var(u_i) = E(u_i^2) = \sigma^2 \quad i = 1, 2, \cdots, n$ $Cov(u_i, u_j) = E(u_i, u_j) = 0 \quad i \neq j$	2. $E(\mu) = 0$, $E(\mu\mu^T) = \sigma^2 I$ $E(\mu) = \begin{pmatrix} u_1 \\ \vdots \\ u_n \end{pmatrix} = \begin{pmatrix} E(u_1) \\ \vdots \\ E(u_n) \end{pmatrix} = 0$ $E(\mu\mu^T) = E\left(\begin{pmatrix} u_1 \\ \vdots \\ u_n \end{pmatrix} (u_1 \quad \cdots \quad u_n) \right)$ $= E\begin{pmatrix} u_1^2 & \cdots & u_1 u_n \\ \vdots & \ddots & \vdots \\ u_n u_1 & \cdots & u_n^2 \end{pmatrix}$ $= \begin{pmatrix} \sigma^2 & \cdots & \sigma \\ \vdots & \ddots & \vdots \\ 0 & \cdots & \sigma^2 \end{pmatrix} = \sigma^2 I$
3. 解释变量与随机项不相关 $Cov(X_{ji}, u_i) = 0 \quad i = 1, 2, \cdots, n$	3. $E(X^T \mu) = 0$, 即 $E \begin{pmatrix} \sum u_i \\ \sum X_{1i} u_i \\ \vdots \\ \sum X_{ki} u_i \end{pmatrix} = \begin{pmatrix} \sum E(u_i) \\ \sum X_{1i} E(u_i) \\ \vdots \\ \sum X_{ki} E(u_i) \end{pmatrix} = 0$
4. 为了假设检验 $u_i \sim N(0, \sigma^2) \quad i = 1, 2, \cdots, n$	4. 向量 μ 有一多维正态分布，即 $\mu \sim N(0, \sigma^2 I)$

三、普通最小二乘估计

随机抽取被解释变量和解释变量的 n 组样本观测值：(Y_i, X_{ji})，$i = 1, 2, \cdots,$ n，$j = 1, 2, \cdots, k$，如果模型的参数估计值已经得到，则有：

$$\hat{Y}_i = \hat{\beta}_0 + \hat{\beta}_1 X_{1i} + \hat{\beta}_2 X_{2i} + \cdots + \hat{\beta}_k X_{ki} \quad i = 1, 2, \cdots, n \qquad (4-3)$$

那么，根据最小二乘原理，参数估计值应该是下列方程组的解。即

$$\begin{cases} \dfrac{\partial}{\partial \hat{\beta}_0} Q = 0 \\[2ex] \dfrac{\partial}{\partial \hat{\beta}_1} Q = 0 \\[2ex] \dfrac{\partial}{\partial \hat{\beta}_2} Q = 0 \\[1ex] \vdots \\[1ex] \dfrac{\partial}{\partial \hat{\beta}_k} Q = 0 \end{cases} \qquad (4-4)$$

其中：

$$Q = \sum_{i=1}^{n} e_i^2 = \sum_{i=1}^{n} (Y_i - \hat{Y}_i)^2 = \sum_{i=1}^{n} (Y_i - (\hat{\beta}_0 + \hat{\beta}_1 Y_{1i} + \hat{\beta}_2 Y_{2i} + \cdots + \hat{\beta}_k Y_{ki}))^2$$

$$(4-5)$$

于是得到关于待估参数估计值的正规方程组：

$$\begin{cases} \sum (\hat{\beta}_0 + \hat{\beta}_1 X_{1i} + \hat{\beta}_2 X_{2i} + \cdots + \hat{\beta}_k X_{ki}) = \sum Y_i \\[1ex] \sum (\hat{\beta}_0 + \hat{\beta}_1 X_{1i} + \hat{\beta}_2 X_{2i} + \cdots + \hat{\beta}_k X_{ki}) X_{1i} = \sum Y_i X_{1i} \\[1ex] \sum (\hat{\beta}_0 + \hat{\beta}_1 X_{1i} + \hat{\beta}_2 X_{2i} + \cdots + \hat{\beta}_k X_{ki}) X_{2i} = \sum Y_i X_{2i} \\[1ex] \vdots \\[1ex] \sum (\hat{\beta}_0 + \hat{\beta}_1 X_{1i} + \hat{\beta}_2 X_{2i} + \cdots + \hat{\beta}_k X_{ki}) X_{ki} = \sum Y_i X_{ki} \end{cases} \qquad (4-6)$$

解该 $(k+1)$ 个方程组成的线性代数方程组，即可得到 $(k+1)$ 个待估参数的估计值 $\hat{\beta}_j$，$j = 0, 1, 2, \cdots, k$。式 $(4-6)$ 的矩阵形式如下：

$$\begin{pmatrix} n & \sum X_{1i} & \cdots & \sum X_{ki} \\ \sum X_{1i} & \sum X_{1i}^2 & \cdots & \sum X_{1i} X_{ki} \\ \cdots & \cdots & \cdots & \cdots \\ \sum X_{ki} & \sum X_{ki} X_{1i} & \cdots & \sum X_{ki}^2 \end{pmatrix} \begin{pmatrix} \hat{\beta}_0 \\ \hat{\beta}_1 \\ \cdots \\ \hat{\beta}_k \end{pmatrix} = \begin{pmatrix} 1 & 1 & \cdots & 1 \\ X_{11} & X_{12} & \cdots & X_{1n} \\ \cdots & \cdots & \cdots & \cdots \\ X_{k1} & X_{k2} & \cdots & X_{kn} \end{pmatrix} \begin{pmatrix} Y_1 \\ Y_2 \\ \cdots \\ Y_n \end{pmatrix}$$

即：
$$X'X\hat{B} = X'Y \tag{4-7}$$
由于 $X'X$ 满秩，故有：
$$\hat{B} = (X'X)^{-1}X'Y \tag{4-8}$$

四、多元回归方程及偏回归系数的含义

在经典回归模型的假定下，式（4-1）两边对 Y 求条件期望得：
$$E(Y_i \mid X_{1i}, X_{2i}, \cdots, X_{ki}) = \beta_0 + \beta_1 X_{1i} + \beta_2 X_{2i} + \cdots + \beta_k X_{ki} \tag{4-9}$$
式（4-9）被称为多元回归方程。多元回归分析是以多个解释变量的固定值为条件的回归分析，并且所获得的，是诸变量 X 值固定时 Y 的平均值或 Y 的平均响应。诸 β_i 被称为偏回归系数。

偏回归系数的含义如下：β_1 度量着在保持 X_2，X_3，$\cdots$，X_k 不变的情况下，X_1 每变化 1 个单位时，Y 的均值 E（Y）的变化，或者说 β_1 给出 X_1 的单位变化对 Y 均值的"直接"或"净"（不含其他变量）影响。其他参数的含义与之相同。

第二节 统计检验

一、拟合优度检验

（一）总离差平方和的分解

$$\begin{aligned} TSS &= \sum (Y_i - \overline{Y})^2 = \sum ((Y_i - \hat{Y}_i) + (\hat{Y}_i - \overline{Y}))^2 \\ &= \sum (Y_i - \hat{Y}_i)^2 + 2\sum (Y_i - \hat{Y}_i)(\hat{Y}_i - \overline{Y}) + \sum (\hat{Y}_i - \overline{Y})^2 \end{aligned}$$

由于：
$$\sum (Y_i - \hat{Y}_i)(\hat{Y}_i - \overline{Y}) = \sum e_i \hat{Y}_i - \sum \overline{Y} e_i = 0$$

所以有：
$$TSS = \sum (Y_i - \hat{Y}_i)^2 + \sum (\hat{Y}_i - \overline{Y})^2 = RSS + ESS \tag{4-10}$$

（二）总离差平方和、残差平方和与回归平方和的矩阵表达式

$$TSS = \sum (Y_i - \overline{Y})^2 = \sum (Y_i^2 - 2\overline{Y}Y_i + \overline{Y}^2) = \sum Y_i^2 - n\overline{Y}^2 = Y'Y - n\overline{Y}^2 \tag{4-11}$$

$$RSS = \sum (Y_i - \hat{Y}_i)^2 = e'e = Y'Y - \hat{B}'X'Y \qquad (4-12)$$

$$ESS = TSS - RSS = (Y'Y - n\overline{Y}^2) - (Y'Y - \hat{B}'X'Y) = \hat{B}'X'Y - n\overline{Y}^2 \qquad (4-13)$$

（三）可决系数 R^2 和调整后的可决系数 $\overline{R}^2$

$$R^2 = \frac{ESS}{TSS} = \frac{\hat{B}'X'Y - n\overline{Y}^2}{Y'Y - n\overline{Y}^2} \qquad (4-14)$$

如果在模型中增加一个解释变量，回归平方就会增大，导致 R^2 增大。这就给人一个错觉：要使得模型拟合得好，只要增加解释变量就可。但是，现实情况往往是，由增加解释变量个数引起的 R^2 的增大与拟合好坏无关，因此在含解释变量个数 k 不同的模型之间比较拟合优度，R^2 就不是一个适合的指标，必须加以调整。在样本容量一定的情况下，增加解释变量必定使得自由度减少，所以调整的思路是将残差平方和与总离差平方和分别除以各自的自由度，以剔除变量个数对拟合优度的影响。

$$\overline{R}^2 = 1 - \frac{e'e/(n-k-1)}{(Y'Y - n\overline{Y}^2)/(n-1)} = 1 - (1-R^2)\frac{(n-1)}{(n-k-1)} \qquad (4-15)$$

其中，$(n-k-1)$ 为残差平方和的自由度，$(n-1)$ 为总体平方和的自由度。

二、方程的显著性检验（F 检验）

（一）方程显著性的 F 检验

F 检验是要检验模型中被解释变量与解释变量之间的线性关系在总体上是否显著成立，即检验下列方程中所有的参数是否显著不为 0：

$$Y_i = \beta_0 + \beta_1 X_{1i} + \beta_2 X_{2i} + \cdots + \beta_k X_{ki} + u_i \quad i = 1, 2, \cdots, n$$

按照假设检验的原理与程序，提出原假设为 H_0：$\beta_1 = 0$，$\beta_2 = 0$，$\cdots$，$\beta_k = 0$，即模型线性关系不成立。原假设的对立假设为：H_1：β_i 不全为零。

F 检验的思想来自总离差平方和的分解式：TSS = ESS + RSS，由于回归平方和 $ESS = \sum \hat{y}_i^2$ 是解释变量 X 的联合体对被解释变量 Y 的线性作用的影响结果，考虑比值 $ESS/RSS = \sum \hat{y}_i^2 \big/ \sum e_i^2$。如果这个比值较大，则 X 的联合体对 Y 的解释程度高，可认为总体存在线性关系，反之总体上可能不存在线性关系。因此可通过该比值的大小对总体线性关系进行推断。由于 Y_i 服从正态分布，根据数理统计学中的定义，Y_i 的一组样本的平方和服从 χ^2 分布。所以有：

$$ESS = \sum (\hat{Y}_i - \overline{Y})^2 \sim \chi^2(k)$$

$$RSS = \sum (Y_i - \hat{Y}_i)^2 \sim \chi^2(n-k-1)$$

即回归平方和、残差平方和分别服从自由度为 k 和（n−k−1）的 χ^2 分布，进一步根据数理统计学中的定义，统计量：

$$F = \frac{ESS/k}{RSS/(n-k-1)} \qquad (4-16)$$

服从自由度为（k，n−k−1）的 F 分布。

给定一个显著水平 α，可得到一个临界值 $F_\alpha(k, n-k-1)$，根据样本再求出 F 统计量的数值后，可通过 $F > F_\alpha(k, n-k-1)$ 或 $F \leqslant F_\alpha(k, n-k-1)$ 来拒绝或无法拒绝原假设 H_0（或计算伴随概率，比较伴随概率与显著性水平的大小，得出结论）。

（二）拟合优度检验与方程显著性检验的关系

由式（4−15）和式（4−16）可知，R^2 与 F 统计检验间存在下列关系：

$$\overline{R}^2 = 1 - \frac{n-1}{n-k-1+kF} \qquad (4-17)$$

或：

$$F = \frac{R^2/k}{(1-R^2)/(n-k-1)} \qquad (4-18)$$

由式（4−18）可知 F 与 R^2 同向变化：当 $R^2 = 0$ 时，F = 0；R^2 越大，F 值也越大；当 $R^2 = 1$ 时，F 为无穷大。因此，F 检验是所估计回归的总显著性的一个度量，也是 R^2 的一个显著性检验，亦即，检验原假设 H_0：$\beta_1 = 0$，$\beta_2 = 0$，$\cdots$，$\beta_k = 0$，等价于检验 $R^2 = 0$ 这一虚拟假设。

三、变量显著性检验（t 检验）

对于多元线性回归模型，方程的总体线性关系是显著的，并不能说明每个解释变量对被解释变量的影响是显著的，必须对每个解释变量进行显著性检验，以决定是否作为解释变量被保留在模型中。

（一）t 统计量

已知参数估计量的方差为：$Cov(\hat{B}) = \sigma^2(X'X)^{-1}$，以 c_{ii} 表示矩阵 $(X'X)^{-1}$ 主对角线上的第 i 个元素，于是参数估计量 $\hat{\beta}_i$ 的方差为：$Var(\hat{\beta}_i) = \sigma^2 c_{ii}$。其中 σ^2 为随机误差项的方差。在实际计算时，用 σ^2 的估计量 $\hat{\sigma}^2$ 代替 σ^2，即 $\hat{\sigma}^2 = \frac{e'e}{n-k-1}$。这样，当模型参数估计完成后，就可以估计每个参数估计值的方差。

因为 $\hat{\beta}_i$ 服从正态分布，且 $\hat{\beta}_i$ 为无偏估计量，均值为 β_i，因此服从下列正态分布：

$$\hat{\beta}_i \sim N(\beta_i, \sigma^2 c_{ii})$$

由于 $e'e \sim \chi^2(n-k-1)$，因此可构造统计量：

$$t = \frac{\hat{\beta}_i - \beta_i}{\sqrt{c_{ii}\dfrac{e'e}{n-k-1}}} \sim t(n-k-1) \tag{4-19}$$

等式右边分母项即为 $\hat{\beta}_i$ 的标准差。

（二）t 检验

在变量显著性检验中设计的原假设为：$H_0: \beta_i = 0$

给定一个显著水平 α，得到一个临界值 $t_{\frac{\alpha}{2}}(n-k-1)$，于是可根据 $|t| > t_{\frac{\alpha}{2}}(n-k-1)$ 或 $|t| \leq t_{\frac{\alpha}{2}}(n-k-1)$ 来拒绝或无法拒绝原假设 H_0（或计算伴随概率，比较伴随概率与显著性水平的大小，得出结论）。

在 R 中，拟合线性模型的函数是 lm（ ），格式为：

model <- lm(formula, data)

其中，formula 指要拟合的模型形式，data 是一个数据框，包含了所拟合模型的数据。结果对象（model）存储在一个列表中，包含了所拟合模型的大量信息。表达式（formula）形式如下：

$$Y \sim X_1 + X_2 + \cdots + X_k$$

~ 左边为响应变量，右边为各个解释变量，解释变量之间用 " + " 符号分隔。可以用表 4 - 2 中的符号修改这一表达式。

表 4 - 2   R 表达式中常用的符号

符号	用途
~	分隔符号，左边为响应变量，右边为解释变量
+	分隔解释变量
:	表示解释变量的交互项
*	表示所有可能交互项的简洁方式
^	表示交互项达到某个次数。代码 Y ~ (X1 + X2 + X3)^2 可展开为 X1 + X2 + X3 + X1：X2 + X1：X3 + X2：X3
.	表示包括除响应变量外的所有变量
-	减号表示从等式中移除某个解释变量
- 1	表示删除截距项
I( )	表示从算术的角度来解释括号中的变量
function	表示可以在表达式中用的数学函数，如 log(Y)

拟合线性模型的函数 lm（ ）后，有许多函数可应用于 lm（ ）返回的对象，得到更

多的模型信息（见表 4 – 3）。

表 4 – 3　　　　　　　　　　　　　　与 lm( ) 连用的函数

函数	描述
summary( )	展示拟合模型的详细结果
coefficiets( )、coef( )	列出拟合模型的参数（截距项和斜率）
confint( )	给出模型参数的置信区间（默认为 95%）
fitted( )	列出拟合模型的拟合值
residuals( )	列出拟合模型的残差值
plot( )	生成评价拟合模型的诊断图
anova( )	生成一个拟合模型的方差分析表
predict( )	用拟合模型对新数据集进行预测
vcov( )	列出模型参数的协方差矩阵
AIC( )	输出赤池信息统计量

资料来源：Robert I. Kabacoff：《R 语言实战》，人民邮电出版社 2016 年版。

【例 4 – 1】（数据:example4_1. RData）数据来自 R 的内置矩阵数据集 state. x77，这个数据集来自美国商务部 1977 年官方调查《美国统计摘要》。数据集含有美国 50 个州的 8 个变量，Population（人口）、Income（收入）、Illiteracy（文盲率%）、Lif Exp（生命预期）、Murder（谋杀率（每十万人口的谋杀人数））、Hs Grad（高中毕业率）、Frost（结霜天数）、Area（面积）。探究一个州谋杀率的多元线性回归模型，并解释各回归系数的含义。[①]

解：第一步，检查变量间的相关性，见文本框 4 – 1。

文本框 4 – 1

```
load("C:/text/ch4/example4_1.RData")
newdata <- as.data.frame(state.x77[,c("Murder","Population","
Illiteracy","Income","Frost")])#将感兴趣的变量建立一个数据框
library(car)
scatterplotMatrix(newdata,spread = FALSE,smoother.args = list
(lty =2),main = "矩阵散点图")
```

---

① Robert I. Kabacoff：《R 语言实战》，人民邮电出版社 2016 年版。

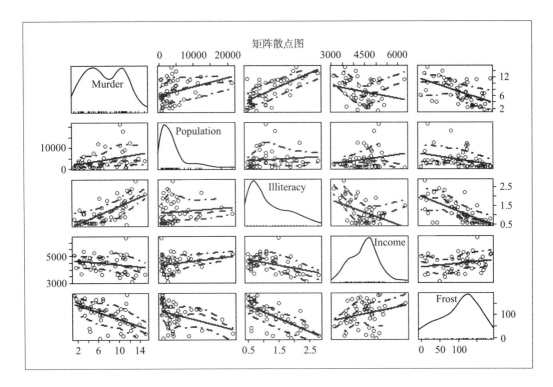

矩阵散点图

从矩阵散点图可以看出，谋杀率是一个双峰的曲线，每个变量都有一定程度的偏斜。谋杀率随着人口和文盲率的增加而增加，随着收入水平和结霜天数增加而下降。同时，越冷的州文盲率越低，收入水平越高。

第二步，建立回归模型：

（1）模型Ⅰ：解释变量包含了 Population（人口）、Income（人均国民收入）、Illiteracy（文盲率）、Frost（结霜天数），见文本框 4 - 2。

文本框 4 - 2

```
attach(newdata)
fit1 <- lm(Murder ~ .,data = newdata)
summary(fit1)

Call:
lm(formula = Murder ~ .,data = newdata)
Residuals:
    Min       1Q    Median       3Q       Max
 -4.7960   -1.6495   -0.0811    1.4815    7.6210
```

```
Coefficients:
              Estimate    Std.Error    t value    Pr( > |t|)
(Intercept)   1.235e +00  3.866e +00   0.319      0.7510
Population    2.237e -04  9.052e -05   2.471      0.0173 *
Illiteracy    4.143e +00  8.744e -01   4.738      2.19e -05 ***
Income        6.442e -05  6.837e -04   0.094      0.9253
Frost         5.813e -04  1.005e -02   0.058      0.9541
 ---
Signif.codes: 0 '***' 0.001 '**' 0.01 '*' 0.05 '.' 0.1 ' '
1
Residual standard error:2.535 on 45 degrees of freedom
Multiple R - squared: 0.567, Adjusted R - squared: 0.5285
F - statistic:14.73 on 4 and 45 DF,p - value:9.133e - 08
```

从拟合结果看，四个解释变量解释了各州谋杀率52.8%的方差；F检验的p值为9.133e-08，说明模型中被解释变量与解释变量之间的线性关系在总体上是显著成立的；变量的t检验只有人口（p=0.0173）和文盲率（p=2.19e-05）在统计意义上是显著的，在控制人口、人均国民收入和温度不变时，文盲率上升1%，每十万人口人平均谋杀人数将会上升4.14人，其他系数解释类似。

（2）模型Ⅱ：解释变量包含了 Population（人口）、Income（人均国民收入）、Illiteracy（文盲率）、Frost（结霜天数）及 Frost（结霜天数）和 Illiteracy（文盲率）的交互项，见文本框4-3。

文本框4-3

```
fit2 <- lm(Murder ~ Population + Illiteracy + Income + Frost + Frost:
Illiteracy,data = newdata)
summary(fit2)
```
```
Call:
lm( formula = Murder ~ Population + Illiteracy + Income + Frost +
Frost:Illiteracy,data = newdata)
Residuals :
        Min       1Q      Median      3Q       Max
        -4.6272  -1.7649  -0.0484    1.5466    7.3527
```

```
Coefficients:
                Estimate      Std.Error     t value    Pr( > |t|)
(Intercept)     0.4271005     4.3915689     0.097      0.92297
Population      0.0002286     0.0000922     2.480      0.01706 *
Illiteracy      4.5730591     1.3893054     3.292      0.00197 **
Income          0.0001124     0.0007005     0.160      0.87323
Frost           0.0065677     0.0180522     0.364      0.71774
Illiteracy:Frost -0.0054769   0.0136585    -0.401      0.69037
 ---
Signif.codes: 0 '***' 0.001 '**' 0.01 '*' 0.05 '.' 0.1
' ' 1
Residual standard error:2.559 on 44 degrees of freedom
Multiple R - squared: 0.5685,  Adjusted R - squared: 0.5195
F - statistic: 11.6 on 5 and 44 DF,  p - value:3.535e - 07
```

从拟合结果看，四个解释变量及天气和文盲率的交互项解释了各州谋杀率51.95%的方差；F 检验的 p 值为 3.535e - 07，说明模型中被解释变量与解释变量之间的线性关系在总体上是显著成立的；变量的 t 检验只有人口（p = 0.0171）和文盲率（p = 0.0020）在统计意义上是显著的，文盲率对谋杀率的影响与气温有关，文盲率上升1%，每十万人口人平均谋杀人数将会上升（4.57 - 0.00548Frost）人。

（3）模型Ⅲ：解释变量包含了 Population（人口）、Income（人均国民收入）、Illiteracy（文盲率）、Frost（结霜天数）及 Frost（结霜天数）和 Income（人均国民收入）的交互项，见文本框 4 - 4。

文本框 4 - 4

```
fit3 <- lm(Murder ~ Population + Illiteracy + Income + Frost + Frost:
Income,data = newdata)
summary(fit3)
```
```
Call:
lm( formula = Murder ~ Population + Illiteracy + Income + Frost +
Frost:Income,data = newdata)
```

```
Residuals:
     Min        1Q       Median       3Q        Max
   -4.6351   -1.1679   -0.2744     1.6419     5.9772
Coefficients:
                Estimate     Std.Error    t value   Pr( >|t|)
(Intercept)     2.451e+01    9.150e+00     2.679    0.01036 *
Population      2.714e-04    8.622e-05     3.148    0.00295 **
Illiteracy      2.344e+00    1.043e+00     2.247    0.02973 *
Income         -4.503e-03    1.769e-03    -2.545    0.01450 *
Frost          -1.867e-01    6.829e-02    -2.733    0.00900 **
Income:Frost    3.922e-05    1.417e-05     2.768    0.00822 **
 ---
Signif.codes: 0 '***' 0.001 '**' 0.01 '*' 0.05 '.' 0.1
' ' 1
Residual standard error:2.366 on 44 degrees of freedom
Multiple R-squared: 0.6312, Adjusted R-squared: 0.5893
F-statistic:15.06 on 5 and 44 DF, p-value:1.296e-08
```

从拟合结果看，四个解释变量及天气和人均国民收入的交互项解释了各州谋杀率
58.93%的方差；F 检验的 p 值为 1.296e - 08，说明模型中被解释变量与解释变量之
间的线性关系在总体上是显著成立的；所有变量的 t 检验在统计意义上是显著的，在
控制人口、人均国民收入和温度不变时，文盲率上升 1%，每十万人口人平均谋杀人
数将会上升 2.344 人，其他系数的解释与前面类似。

（4）模型Ⅳ：解释变量包含了 Population（人口）、Income（人均国民收入）、
Illiteracy（文盲率）、Frost（结霜天数）、Frost（结霜天数）和 Income（人均国民
收入）的交互项及 Frost（结霜天数）和 Illiteracy（文盲率）的交互项，见文本
框 4 - 5。

文本框 4 - 5

```
fit4 <- lm(Murder ~ Population + Illiteracy + Income + Frost +
Frost:Illiteracy + Frost:Income,data = newdata)
summary(fit4)
```

```
Call:
lm(formula = Murder ~ Population + Illiteracy + Income + Frost +
Frost:Illiteracy + Frost:Income, data = newdata)
Residuals:
     Min       1Q      Median      3Q        Max
  -4.6104   -1.2350   -0.2555    1.5760    6.0809
Coefficients:
                   Estimate     Std.Error    t value    Pr(>|t|)
(Intercept)        2.533e+01    1.006e+01    2.518      0.01560 *
Population         2.699e-04    8.752e-05    3.083      0.00357 **
Illiteracy         2.098e+00    1.587e+00    1.322      0.19319
Income            -4.609e-03    1.860e-03   -2.478      0.01722 *
Frost             -1.930e-01    7.550e-02   -2.556      0.01420 *
Illiteracy:Frost   2.716e-03    1.312e-02    0.207      0.83697
Income:Frost       3.992e-05    1.472e-05    2.712      0.00958 **
 ---
Signif.codes: 0 '***' 0.001 '**' 0.01 '*' 0.05 '.' 0.1
' ' 1
Residual standard error:2.392 on 43 degrees of freedom
Multiple R-squared: 0.6315,  Adjusted R-squared: 0.5801
F-statistic:12.28 on 6 and 43 DF,  p-value:5.283e-08
```

从拟合结果看，四个解释变量、天气和文盲率的交互项及天气和人均国民收入的交互项解释了各州谋杀率 58.01% 的方差；F 检验的 p 值为 5.283e-08，说明模型中被解释变量与解释变量之间的线性关系在总体上是显著成立的；变量的 t 检验只有文盲率及文盲率和天气的交互项在统计意义上不是显著的，其他系数的解释与前面类似。

综合以上四个模型，结果见表 4-4，从拟合优度检验、F 检验及 t 检验，第Ⅲ个模型较好。

表 4 - 4   四个模型的输出汇总

模型	$\overline{R}^2$	F 检验的 p 值	变量 t 检验的 p 值					
			Population	Illiteracy	Income	Frost	Frost × Illiteracy	Frost × Income
I	0.5295	9.133e - 08	0.0173 *	2.19e - 05 ***	0.9253	0.9541		
II	0.5195	3.535e - 07	0.0171 *	0.0020 **	0.8732	0.7177	0.6903	
III	0.5893	1.296e - 08	0.0030 **	0.0297 *	0.0145 *	0.0090 **		0.0082 **
IV	0.5801	5.283e - 08	0.0036 **	0.1932	0.0172 *	0.0142 *	0.8370	0.0096 **

注： * 、 ** 、 *** 分别表示在 10% 、 5% 、 1% 的水平上显著。

第三节 残 差 分 析

一、正态性检验

对第二节模型 III 的残差作残差点图和残差的正态 Q - Q 图。Q - Q 图是分位数 - 分位数图（Quantile - Quantile plot）的缩写，通常用于数据分布与理论分布之间的比较，而正态 Q - Q 图是利用数据的分位点和理论正态分布的分位数点产生一个散点图，如果数据分布和理论正态分布很接近，则这些点呈现出一条直线形状。R 语言中也可以用 shapiro. test( ) 函数进行正态性检验，见文本框 4 - 6。

文本框 4 - 6

```
par(mfrow = c(1,2))
qqnorm(fit3$res);qqline(fit3$res)
plot(fit3$res ~ fit3$fit,xlab = "拟合值",ylab = "残差")
abline(h = 0,lty = 2)#画 y = 0 的线
shapiro.test(fit3$res)
```

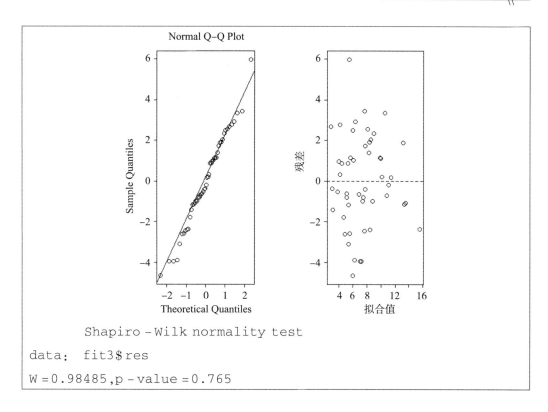

从模型Ⅲ的正态 Q - Q 图看，残差呈现出一条直线形状；从残差散点图看，除一个观测值外，残差基本在 y = 0 的附近；从 shapiro 检验看，p = 0.765。综上所述，没有证据证明残差不服从正态分布。

二、异常值检验

(一) 离群点

离群点是指那些模型拟合效果不佳的观测点，他们通常有很大的或正或负的残差，正的残差说明模型低估了响应变量，负的残差则说明高估了响应变量。判断离群点，可以通过 Q - Q 图，如果落在置信区间带外的点即可被认为是离群点。或通过标准化残差大于 2 或小于 - 2 的点可能是离群点。R 语言中 car 包提供了一种离群点的统计检验方法。outlierTest( ) 函数可以求得最大标准化残差绝对值 Bonferroni 调整后的 p 值。例如，判断模型Ⅲ是否存在离群点，见文本框 4 - 7。

文本框 4 - 7

```
library(car)
outlierTest(fit3)
```

```
No Studentized residuals with Bonferonni p < 0.05
Largest |rstudent|:
Rstudent    unadjusted p - value    Bonferonni p
Nevada 2.991931          0.0045772        0.22886
```

可以看出：数据集中没有离群点（p = 0. 22886）。

（二）高杠杆值点

高杠杆值观测点，是与其他解释变量有关的离群点。或者说是由许多异常的解释变量值组合起来的，与响应变量值没有关系。高杠杆值的观测点可通过帽子统计量（hat statistic）判断。对于一个给定的数据集，帽子均值为 k/n，其中 k 是模型估计的参数数目（包含截距项），n 是样本容量。一般来说，若观测点的帽子值大于帽子均值的 2 倍或 3 倍，就可以认定为高杠杆值点。例如，判断模型Ⅲ是否存在高杠杆值点，见文本框 4 - 8。

文本框 4 - 8

```
hat.plot <- function(fit3) {p <- length(coefficients(fit3))
n <- length(fitted(fit3))
plot(hatvalues(fit3),main = "Index Plot of Hat Values")
abline(h = c(2,3) * p/n,col = "red",lty = 2)
identify(1:n,hatvalues(fit3),names(hatvalues(fit3)))
}
hat.plot(fit3)
```

Index Plot of Hat Values

水平线标注的即帽子均值 2 倍或 3 倍的位置，单击感兴趣的点进行标注。从图中可以看出，Alaska 和 Hawaii 非常异常，查看它们的解释变量值，与其他州比较发现，Alaska 人均国民收入比其他州高得多，而人口和温度却很低；Hawaii 人口少，温度高。高杠杆值点可能是强影响点，也可能不是，这要看它们是否是离群点。

（三） 强影响点

强影响点是对模型参数估计值影响较大的点。如果去掉模型的一个观测点时模型会发生巨大的改变，那么就需要检测数据是否存在强影响点了。有两种方法可以检测强影响点，一种是 Cook 距离，或称 D 统计量。一般地，D 值大于 4/(n−k−1)，则表明它是强影响点，其中 n 为样本容量，k 是解释变量的数目。例如，判断模型Ⅲ是否存在强影响点，见文本框 4－9。

文本框 4－9

```
D<-4/(nrow(newdata)-length(fit3$coefficients)-2)
plot(fit3,which=4,cook.levels=D)
abline(h=D,lty=2,col="red")
```

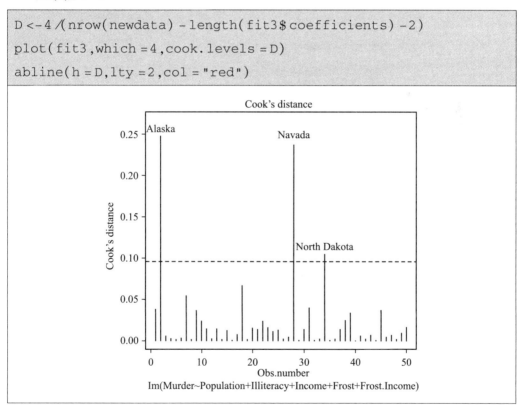

通过图形可以判断 Alaska、Nevada 和 North Dakota 是强影响点。若删除这些点，模型的截距和斜率会发生显著变化。

另一种是变量添加图（added variable plot）也可以检测强影响点。例如，利用变量添加图来判断模型Ⅲ是否存在强影响点，见文本框 4－10。

文本框 4 - 10

```
avPlots(fit3,ask=F,id.method="identify")
```

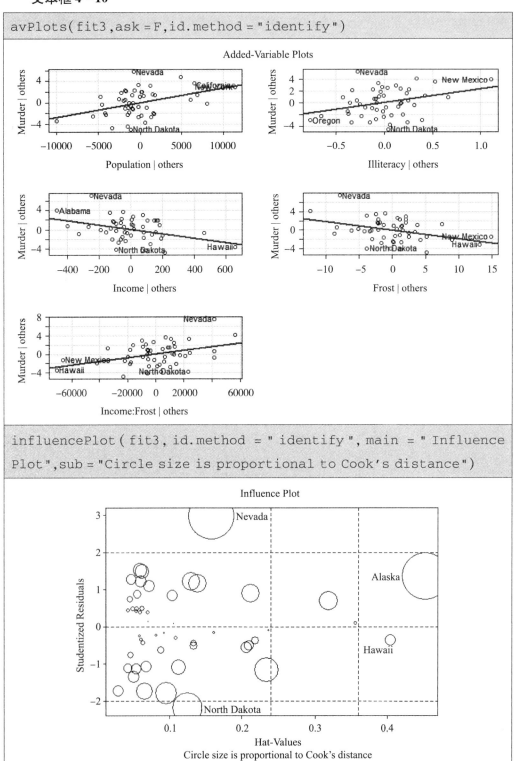

```
influencePlot( fit3, id.method = " identify ", main = " Influence
Plot",sub = "Circle size is proportional to Cook's distance")
```

通过图形可以判断 Alaska、Nevada 、North Dakota 和 Hawaii 是强影响点。若删除这些点，模型的截距和斜率会发生显著变化。

三、残差的独立性检验

判断残差是否相互独立，最好的办法是依据收集数据方式的先验知识。例如，时间序列数据通常呈现自相关性，相隔时间越近的观测相关性大于相隔较远的观测。car 包提供了一个可以做 Durbin – Watson 检验的函数，能够检测残差的序列相关性。例如，判断模型Ⅲ的残差是否存在序列相关，见文本框 4 – 11。

文本框 4 – 11

```
library(car)
durbinWatsonTest(fit3)

lag      Autocorrelation   D – W Statistic   p – value
  1       – 0.1774268         2.309275        0.272
Alternative hypothesis:rho ! =0
```

p 值不显著（p = 0.272），说明残差不存在一阶序列相关，误差项之间独立。

四、同方差性检验

R 语言 car 包提供了两个可以判断残差方差是否恒定的函数。计分检验 ncvTest( ) 函数和分布水平图检验 spreadLevelPlot( ) 函数。

计分检验 ncvTest( ) 函数生成一个计分检验，零假设为误差方差恒定，备择假设为误差方差随着拟合值水平的变化而变化。若检验显著，则说明不满足方差恒定的假定。例如，判断模型Ⅲ的残差是否存在异方差，见文本框 4 – 12。

文本框 4 – 12

```
ncvTest(fit3)

Non – constant Variance Score Test
Variance formula: ~ fitted.values
Chisquare =0.6068151     Df =1      p =0.4359895
```

可以看出，计分检验不显著（p = 0.4360），说明不能拒绝同方差的假定。

分布水平图检验函数 spreadLevelPlot( ) 创建一个添加了最佳拟合曲线的散点图，展示标准化残差绝对值与拟合值的关系，见文本框 4 - 13。

文本框 4 - 13

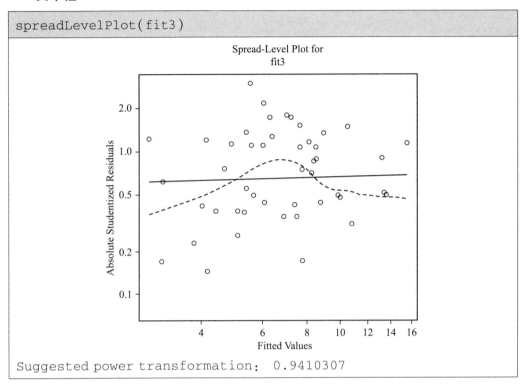

```
spreadLevelPlot(fit3)
```

Suggested power transformation: 0.9410307

分布水平图显示出水平趋势，说明不能拒绝同方差的假定。建议幂次转换为 0.9410，建议幂次接近于 1，不需要转换。若建议幂次为 0，则使用对数转换。

五、线性模型假设的综合验证

R 语言 gvlma 包中的 gvlma( ) 函数是由潘纳和斯雷特（Pena and Slate，2006）编写的，提供了一种对线性模型假设进行综合验证的方法。同时还能做偏度、峰度和异方差的评价，它给模型假设提供了一个综合检验（通过/不通过）。例如，对模型 Ⅲ 进行综合检验，见文本框 4 - 14。

文本框 4 - 14

```
library(gvlma)
model <- gvlma(fit3)
summary(model)
```

```
ASSESSMENT OF THE LINEAR MODEL ASSUMPTIONS
USING THE GLOBAL TEST ON 4 DEGREES - OF - FREEDOM:
Level of Significance =   0.05
Call:
gvlma( x = fit3)
                     Value      p - value    Decision
Global Stat          0.585026    0.9647      Assumptions acceptable.
Skewness             0.040377    0.8407      Assumptions acceptable.
Kurtosis             0.097976    0.7543      Assumptions acceptable.
Link Function        0.446397    0.5041      Assumptions acceptable.
Heteroscedasticity   0.000276    0.9867      Assumptions acceptable.
```

可以看出，模型满足 OLS 回归模型的所有假定（$p = 0.9647$）。如果模型不通过（$p < 0.05$），可以用前面的方法来判断哪些假设条件没有被满足。

六、多重共线性检验

多重共线性（Multicollinearity）是指线性回归模型中的解释变量之间由于存在精确相关关系或高度相关关系而使模型估计失真或难以估计准确。多重共线性可以用统计量 VIF（Variance Inflation Factor，方差膨胀因子）进行检测，VIF 越大，显示共线性越严重。经验判断方法表明：当 $0 < VIF < 10$，不存在多重共线性；当 $10 \leqslant VIF < 100$，存在较强的多重共线性；当 $VIF \geqslant 100$，存在严重多重共线性。car 包中的 vif( ) 函数提供 VIF 值。例如，判断模型Ⅲ是否存在多重共线性，见文本框 4 - 15。

文本框 4 - 15

```
library(car)
vif(fit3)
```

Population	Illiteracy	Income	Frost	Income:Frost
1.297249	3.539763	10.347327	110.326488	115.568285

从方差膨胀因子看，模型存在着多重共线性。可通过压缩回归来估计，如利用岭回归或 lasso 回归进行估计。

第四节 回归预测

建立回归模型后，可根据给定的 k 个自变量，求出响应变量的预测值、响应变量均值的置信区间及响应变量个别值的预测区间。

一、响应变量均值的点预测值

由总体线性回归模型（4-2）得：
总体线性回归方程为：

$$E(Y) = XB \qquad (4-20)$$

样本线性回归模型为：

$$Y = X\hat{B} + e \qquad (4-21)$$

样本回归方程为：

$$\hat{Y} = X\hat{B} \qquad (4-22)$$

当给定 $X = X_0$ 时，由样本回归方程（4-22）可得：

$$\hat{Y}_0 = X_0\hat{B} = \hat{\beta}_0 + \hat{\beta}_1 x_{10} + \hat{\beta}_2 x_{20} + \cdots + \hat{\beta}_k x_{k0} \qquad (4-23)$$

$$E(\hat{Y}_0) = E(X_0\hat{B}) = X_0 E(\hat{B}) = X_0 B = E(Y_0) \qquad (4-24)$$

$\hat{Y}_0$ 是 $E(Y_0)$ 的无偏估计，故 $\hat{Y}_0$ 可作为 $E(Y_0)$ 的点预测值。

二、响应变量均值的置信区间

由于 $\hat{B} \sim N_{k+1}(B, \sigma^2(X'X)^{-1})$，所以 $\hat{Y}_0 = X_0\hat{B} \sim N(X_0 B, \sigma^2 X_0(X'X)^{-1}X_0')$，从而 $[\hat{Y}_0 - E(Y_0)]/\sigma \sqrt{X_0(X'X)^{-1}X_0'} \sim N(0, 1)$。又因 $(n-k-1)\hat{\sigma}^2/\sigma^2 \sim \chi^2(n-k-1)$，从而 $t = [\hat{Y}_0 - E(Y_0)]/\hat{\sigma} \sqrt{X_0(X'X)^{-1}X_0'} \sim t(n-k-1)$。

在给定显著水平 α 下，可求得 $E(Y_0)$ 置信度为 $1-\alpha$ 的置信区间为：

$$\left[\hat{Y}_0 - t_{\frac{\alpha}{2}}(n-k-1)\hat{\sigma}\sqrt{X_0(X'X)^{-1}X_0'}, \hat{Y}_0 + t_{\frac{\alpha}{2}}(n-k-1)\hat{\sigma}\sqrt{X_0(X'X)^{-1}X_0'}\right]$$

三、响应变量个别值的预测区间

仿照前面的推导，可得：$t = [\hat{Y}_0 - E(Y_0)]/\hat{\sigma}\sqrt{1 + X_0(X'X)^{-1}X_0'} \sim t(n-k-1)$。

在给定显著水平 α 下，可求得 Y_0 置信度为 $1-\alpha$ 的预测区间为：

$$\left[\hat{Y}_0 - t_{\frac{\alpha}{2}}(n-k-1)\hat{\sigma} \sqrt{1 + X_0(X'X)^{-1}X_0'},\ \hat{Y}_0 + t_{\frac{\alpha}{2}}(n-k-1)\hat{\sigma} \sqrt{1 + X_0(X'X)^{-1}X_0'} \right]$$

例如，以第二节的模型 Ⅲ 为例，计算谋杀率 95% 的置信区间和预测区间，见文本框 4 – 16。

文本框 4 – 16

```
load("C:/text/ch4/example4_1.RData")
newdata <- as.data.frame(example4_1[,c("Murder","Population","
Illiteracy","Income","Frost")])
fit3 <- lm(Murder ~ Population + Illiteracy + Income + Frost +
Frost:Income,data = newdata)
pre_int <- predict(fit3,interval = "prediction",level = 0.95)
con_int <- predict(fit3,interval = "confidence",level = 0.95)
answer <- data.frame(谋杀率 = newdata$Murder,点预测值 = pre_int[,
1],置信下限 = con_int[,2],置信上限 = con_int[,3],预测下限 = pre_int[,
2],预测上限 = pre_int[,3])
round(answer,3)
```

	谋杀率	点预测值	置信下限	置信上限	预测下限	预测上限
Alabama	15.1	13.201	11.003	15.398	7.951	18.450
Alaska	11.3	8.956	5.748	12.163	3.209	14.702
Arizona	7.8	8.792	7.047	10.537	3.715	13.869
Arkansas	10.1	10.800	9.226	12.374	5.778	15.821
California	10.3	10.088	7.246	12.930	4.537	15.639
Colorado	6.8	5.653	4.471	6.836	0.741	10.566

注：由于篇幅所限，只列出前六个州的预测结果。

若新增加一个州的数据，如 Population = 4246，Illiteracy = 1.17，Income = 4436，Frost = 104.46，预计该州的谋杀率、置信区间和预测区间为多少？见文本框 4 – 17。

文本框 4 – 17

```
X0 <- data.frame(Population = 4246,Illiteracy = 1.17,Income = 4436,
Frost = 104)
con_int0 <- predict(fit3,interval = "confidence",newdata = X0)
pre_int0 <- predict(fit3,interval = "prediction",newdata = X0)
con_int0;pre_int0
```

```
con_int0
       fit        lwrupr
1   7.105861  6.403059  7.808662
pre_int0
       fit        lwrupr
1   7.105861  2.286256  11.92547
```

习　　题

1. 设某种商品销售量 Y（kg）与该种商品的价格 X_1（元/kg）和用于商品的广告费用 X_2（万元）有线性相关关系，现观测 12 个月数据资料如下表所示。[①]

月份	X_1	X_2	Y
1	100	5.5	55
2	90	6.3	70
3	80	7.2	90
4	70	7	100
5	70	6.3	90
6	70	7.35	105
7	70	5.6	80
8	65	7.15	110
9	60	7.5	125
10	60	6.9	115
11	55	7.15	130
12	50	6.5	130

（1）试建立样本回归方程，并说明回归系数的含义；

（2）对回归模型做综合评估；

（3）求参数的区间估计；

（4）若下月 $X_{01} = 80$（元/kg）、$X_{02} = 7$（万元），求下月销售量 95% 的置信区间和预测区间。

---

① 贾俊平：《统计学》，中国人民大学出版社 2017 年版。

2. 为了研究美国每人的子鸡消费量，我们收集了 1960～1982 年美国对子鸡的需求相关的数据资料如下表所示。

1960～1982 年子鸡的消费情况

年份	Y	X_2	X_3	X_4	X_5	X_6
1960	27.8	397.5	42.2	50.7	78.3	65.8
1961	29.9	413.3	38.1	52.0	79.2	66.9
1962	29.8	439.2	40.3	54.0	79.2	67.8
1963	30.8	459.7	39.5	55.3	79.2	69.6
1964	31.2	92.9	37.3	54.7	77.4	68.7
1965	33.3	528.6	38.1	63.7	80.2	73.6
1966	35.6	560.3	39.3	69.8	80.4	76.3
1967	36.4	624.6	37.8	65.9	83.9	77.2
1968	36.7	666.4	38.4	64.5	85.5	78.1
1969	38.4	717.8	40.1	70.0	93.7	84.7
1970	40.4	768.2	38.6	73.2	106.1	93.3
1971	40.3	843.3	39.8	67.8	104.8	89.7
1972	41.8	911.6	39.7	79.1	114.0	100.7
1973	40.4	931.1	52.1	85.4	124.1	113.5
1974	40.7	1021.5	48.9	94.2	127.6	115.3
1975	40.1	1165.9	58.3	123.5	142.9	136.7
1976	42.7	1349.6	57.9	129.9	143.6	139.2
1977	44.1	1449.4	56.5	117.6	139.2	132.0
1978	46.7	1575.5	63.7	130.9	165.5	132.1
1979	50.6	1759.1	61.6	129.8	203.8	154.4
1980	350.1	1994.2	58.9	128.0	219.6	174.9
1981	51.7	2258.1	66.4	141.0	221.6	180.8
1982	52.9	2478.7	70.4	168.2	232.6	189.4

注：实际价格是用食品的消费者价格指数去除名义价格得到的。
资料来源：Y 数据来自城市数据库；X 数据来自美国农业部。

其中 Y：每人的子鸡消费量（磅）；X_2：每人实际可支配收入（美元）；X_3：子鸡每磅实际零售价格（美分）；X_4：猪肉每磅实际零售价格（美分）；X_5：牛肉每磅实际零售价格（美分）；X_6：子鸡替代品每磅综合实际价格（美分），这是猪肉和牛肉每磅实际零售价格的加权平均，其权数是在猪肉和牛肉的总消费量中两者各占的相对消费量。

现考虑下面的需求函数：

模型 1：$\ln Y_t = \alpha_1 + \alpha_2 \ln X_{2t} + \alpha_3 \ln X_{3t} + u_t$

模型 2：$\ln Y_t = r_1 + r_2 \ln X_{2t} + r_3 \ln X_{3t} + r_4 \ln X_{4t} + u_t$

模型 3：$\ln Y_t = \lambda_1 + \lambda_2 \ln X_{2t} + \lambda_3 \ln X_{3t} + \lambda_4 \ln X_{5t} + u_t$

模型 4：$\ln Y_t = \theta_1 + \theta_2 \ln X_{2t} + \theta_3 \ln X_{3t} + \theta_4 \ln X_{4t} + \theta_5 \ln X_{5t} + u_t$

模型 5：$\ln Y_t = \beta_1 + \beta_2 \ln X_{2t} + \beta_3 \ln X_{3t} + \beta_4 \ln X_{6t} + u_t$

回答以下问题。

（1）从这里列举的需求函数中你会选择哪一个并且为什么？

（2）你怎么理解这些模型中的 $\ln X_2$ 和 $\ln X_3$ 的系数？

（3）模型 2 和模型 4 有什么不同？

（4）如果你采用模型 4，会产生什么问题？（提示：猪肉和牛肉价格都同子鸡价格一道被引进）

（5）模型 5 中含有牛肉和猪肉的综合价格，你会认为模型 5 优于模型 4？为什么？

（6）猪肉和（或）牛肉是子鸡的竞争或替代产品吗？你怎样知道？

（7）假定模型 5 是正确的，估计此模型的参数，并解释其含义，对回归模型做综合评估；

（8）现假设你选择模型 2，通过考虑 r_2 和 r_3 值分别同 β_2 和 β_3 的关系，来评估这一错误设定的后果。

3. 子女的受教育水平（Y）往往受到父母的受教育水平（X_1，X_2）以及家庭经济条件（X_3）的影响，我们对某单位 10 个人进行了调查，得到的数据资料如下表所示。

10 个家庭相关数据

编号	被调查者受教育年数（Y）	父亲受教育年数（X_1）	母亲受教育年数（X_2）	家庭经济条件（X_3）
1	15	9	8	中
2	12	8	9	中
3	15	12	11	上
4	19	15	12	上
5	9	7	5	中
6	10	8	8	下
7	9	6	7	中
8	14	9	9	下
9	16	10	12	中
10	18	14	12	上

（1）试建立样本回归方程，并说明回归系数的含义；

（2）对回归模型做综合评估；

（3）求参数的区间估计；

（4）若父亲的受教育年数 $X_{01} = 10$、母亲受教育年数 $X_{02} = 7$，家庭经济条件为中，试预测其子女的受教育年数及其子女受教育年数 95% 的置信区间和预测区间。

第五章

广义线性模型

线性回归模型主要适用于因变量为连续型（特别是服从正态分布）的随机变量的情况。内德尔和韦德伯恩（Nelder and Wedderburn，1972）推广了线性回归模型，提出了广义线性模型（generalized linear model，GLM）。该模型通过一个已知的连接函数将因变量的数学期望与自变量的线性函数联系起来，并将因变量的分布推广到指数分布族，可以处理因变量为常见的一些离散型和连续性随机变量的回归分析问题，特别是离散型随机变量，因而对于分析生物、医学、经济和社会数据中常见的属性数据、计数数据有着重要意义。

第一节　广义线性模型概述

广义线性模型是线性模型的扩展，其特点是不强行改变数据的自然度量，数据可以具有非线性和非恒定方差结构，主要是通过联结函数（link function），建立响应变量 Y 的数学期望值与线性组合的预测变量之间的关系。

一、广义线性模型

对于一般线性模型，其基本假定是响应变量服从正态分布，或至少响应变量的方差为有限常数。然而，在实际研究中很多实际数据不符合一般线性模型的基本假定。

回顾线性模型：
$$Y = XB + \varepsilon \tag{5-1}$$

这里 ε 假定有正态分布 $N(0, \sigma^2)$，因此 $Y \sim N(XB, \sigma^2)$

于是通过最大似然法得到参数 β 及 σ 的估计，这个估计在 Y 的正态假定下等价于普通最小二乘估计。对 Y 取期望，得到：
$$\mu = E(Y) = XB = \eta \text{ 或 } \mu = \eta \tag{5-2}$$

方程（5-2）的左边是一个参数，而右边是一个数学表达式。模型（5-1）对服从正态分布的响应变量适用，但如果 Y 为频数或者二元响应变量，如果方差依赖于均值，则模型 (5 - 1) 就可能不合适了。为了适应更加广泛的不同分布的响应变量，需要推广模型 (5 - 1)。广义线性模型把 μ 和 η 用一个函数连接起来，即：

$$g(\mu) = g(E(Y)) = XB = \eta \text{ 或 } g(\mu) = \eta \qquad (5 - 3)$$

这就是广义线性模型。这里，作用在均值 μ 上的变换函数 $g(\cdot)$ 称为连接函数 (link function)，而其反函数 $m(\cdot)$ 称为均值函数。广义线性模型要求 Y 服从包括正态分布的指数分布族中的已知分布，因此，类似于正态情况，可以通过最大似然法得到参数 β 及相关分布参数的估计。对于一般的广义线性模型，最大似然法需要通过计算机的迭代计算得到。

二、指数分布族及典则连接函数

在广义线性模型中，对 μ 进行变换，则可得到下面三种分布连接函数的形式：

正态 (gaussian) 分布：$g(\mu) = \mu = \sum_{j=1}^{n} \beta_j x_j$

二项 (binomial) 分布：$g(\mu) = \ln\left(\dfrac{\mu}{1 - \mu}\right) = \sum_{j=1}^{n} \beta_j x_j$

泊松 (Poisson) 分布：$g(\mu) = \ln(\mu) = \sum_{j=1}^{n} \beta_j x_j$

上述推广体现在以下两个方面：

通过一个连接函数，将响应变量的期望与解释变量建立线性关系：

$$g(E(y)) = \beta_0 + \beta_1 x_1 + \beta_2 x_2 + \cdots + \beta_k x_k$$

通过一个误差函数，说明广义线性模型的最后一部分随机项。

Logistic 是关于响应变量为 0 - 1 定性变量的广义线性模型，它是通常的正态线性模型的推广，要求响应变量只能通过线性形式依赖于解释变量，且广义线性模型的分布族为二项分布；对数线性模型是关于响应变量为非负整数定性变量的广义线性模型，且广义线性模型的分布族为泊松分布 (见表 5 - 1)。

表 5 - 1　　　　　　　　　广义线性模型中的常用分布族

模型	分布	函数
一般线性模型	正态 (gaussian)	$E(Y) = XB$
Logistic 模型和 Probit 模型	二项 (binomial)	$E(Y) = \dfrac{\exp(XB)}{1 + \exp(XB)}$
对数线性模型	泊松 (poisson)	$E(Y) = \exp(XB)$

资料来源：Robert I. Kabacoff：《R 语言实战》，人民邮电出版社 2016 年版。

R 中可通过 glm( ) 函数（还可用其他专门的函数）拟合广义线性模型。它的形式与 lm( ) 类似，只是多了一些参数。函数的基本形式为：

glm(formula, family = family(link = function), data =)

表 5 – 2 列出了概率分布（family）和相应默认的连接函数（function）。

表 5 – 2   **glm( ) 的参数**

分布族	默认的连接函数
Binomial	（link = "logit"）
Gaussian	（link = "identity"）
Gamma	（link = "inverse"）
Inverse. gaussian	（link = "1/mu^2"）
Poisson	（link = "log"）
Quasi	（link = "identity", variance = "constant"）
Quasibinomial	（link = "logit"）
quasipoisson	（link = "log"）

与拟合线性模型的函数 lm( ) 类似，连用的许多函数在 glm( ) 中都有对应的形式，其中一些常见的函数如表 5 – 3 所示。

表 5 – 3   **与 glm( ) 连用的函数**

函数	描述
summary( )	展示拟合模型的细节
coefficients( )、coef( )	列出拟合模型的参数（截距项和斜率）
confint( )	给出模型参数的置信区间（默认为95%）
residuals( )	列出拟合模型的残差值
anova( )	生成两个拟合模型的方差分析表
plot( )	生成评价拟合模型的诊断图
predict( )	用拟合模型对新数据集进行预测
deviance( )	拟合模型的偏差
df. residual( )	拟合模型的残差自由度

由于篇幅所限，本章只介绍 Logistic 模型。

第二节　Logistic 模型

一、Logistic 模型的定义

Logistic 模型是一种分类模型，它的响应变量是二值变量，也可以推广到多分类情况。下面我们介绍二分类的 Logistic 模型。

响应变量 Y 是二值变量，取值为 0 或 1，一般我们将感兴趣的那一类取为"1"。给定解释变量的情况下，响应变量的条件期望实际上就是响应变量在解释变量的某种水平下取"1"的概率，即我们所关心的事件发生的概率。实际观察结果表明，概率 P 与解释变量之间不是呈线性关系，而是呈"S"形曲线关系，因此 Logistic 模型表示为：

$$P = P(Y = 1 \mid X) = \frac{\exp(\beta_0 + \beta_1 x_1 + \cdots + \beta_k x_k)}{1 + \exp(\beta_0 + \beta_1 x_1 + \cdots + \beta_k x_k)} = \frac{\exp(XB)}{1 + \exp(XB)} \qquad (5-4)$$

这样的模型形式不仅可以满足响应变量的概率值在 [0, 1] 之间的要求，而且符合实际解释变量与响应变量之间的关系，在不同水平上解释变量变动相同幅度给响应变量带来的影响是不同的，特别是当解释变量达到一定水平后再增加所引起的响应变量的变动会非常小。

为使模型的形式更清楚，对式（5-4）作变换，得：

$$\text{Logit}(Y) = \ln \frac{P}{1-P} = \beta_0 + \beta_1 x_1 + \beta_2 x_2 + \cdots + \beta_k x_k \qquad (5-5)$$

这个变换称为 Logit 变换。变换的左端表示的是事件发生和不发生的概率之比（称作发生比 odds 或优势比）的对数，右边是通常的线性回归形式。

式（5-5）可以进一步转化为：

$$\frac{P}{1-P} = \exp(\beta_0 + \beta_1 x_1 + \beta_2 x_2 + \cdots + \beta_k x_k) \qquad (5-6)$$

式（5-6）的左边是我们关心的事件发生概率和不发生的概率之比，这个比值越大，说明事情越容易发生，它的取值范围是 [0, ∞)。

二、Logistic 模型的估计和检验

Logistic 模型中参数的估计主要有两种方法：一种是常用的最大似然估计，用

Newton – Raphson 迭代求解；另一种是根据广义线性模型的理论用加权最小二乘法迭代求解。下面介绍最大似然估计法。

设 Y 是 0 – 1 变量，x_1，x_2，$\cdots$，x_k 是与 Y 相关的变量，n 组观测数据为（x_1，x_2，$\cdots$，x_k；Y），取 $P(Y_i = 1) = \pi_i$，$P(Y_i = 0) = 1 - \pi_i$，则 Y_i 的联合概率函数为：

$$P(Y_i) = \pi_i^{Y_i}(1 - \pi_i)^{1 - Y_i}, \ Y_i = 0, 1; \ i = 1, 2, \cdots, n$$

于是，Y_1，Y_2，$\cdots$，Y_n 的似然函数为：

$$L = \prod_{i=1}^{n} P(Y_i) = \prod_{i=1}^{n} \pi_i^{Y_i}(1 - \pi_i)^{1 - Y_i}$$

对似然函数取自然对数得：

$$\ln L = \sum_{i=1}^{n} \left[Y_i \ln(\pi_i) + (1 - Y_i)\ln(1 - \pi_i) \right] = \sum_{i=1}^{n} \left[Y_i \ln \frac{\pi_i}{1 - \pi_i} + \ln(1 - \pi_i) \right]$$

$$\frac{\partial \ln L}{\partial \beta_i} = 0$$

运用 Newton – Raphson 迭代即可求出 β_i 的最大似然估计 $\hat{\beta}_i$ 和 lnL。迭代初值一般取为 $\beta_i = 0$，$i = 1, 2, \cdots, k$。在一些情况下，Newton – Raphson 迭代的收敛性不好，可改用 Marquardt 改进的 Newton – Raphson 迭代法求解。

在求出 β_i 的最大似然估计 $\hat{\beta}_i$ 的同时获得了 Fisher 信息阵 I。

$$I = \left\{ \frac{\partial^2 \ln L}{\partial \beta_i \partial \beta_j} \bigg|_{\hat{\beta}_0, \hat{\beta}_1, \cdots, \hat{\beta}_k} \right\}$$

I 的逆矩阵 I^{-1} 是 $\hat{\beta}_i$ 的协方差矩阵。I^{-1} 的对角线元素 I^{ii} 是 $\hat{\beta}_i$ 的方差。即：

$$Var(\hat{\beta}_i) = I^{ii}, \ Se(\hat{\beta}_i) = \sqrt{I^{ii}}$$

（一）$\hat{\beta}_i$ 的检验

$\hat{\beta}_i$ 的检验为 H_0：$\hat{\beta}_i = 0$

检验统计量：$Z = \dfrac{\hat{\beta}_i}{Se(\hat{\beta}_i)} \sim N(0, 1)$

给定显著性水平 α，如果 $|Z| < Z_{\alpha/2}$，无法拒绝原假设；否则拒绝原假设，即 $\hat{\beta}_i \neq 0$。

（二）β_i 的置信区间

β_i 的置信区间为：$\left[\hat{\beta}_i - Z_{\alpha/2} Se(\hat{\beta}_i), \hat{\beta}_i + Z_{\alpha/2} Se(\hat{\beta}_i) \right]$。

线性回归与 Logistic 回归之间的对应关系见表 5 – 4。

表 5 - 4   线性回归与 Logistic 回归之间的对应关系

线性回归	Logistic 回归
全部离差平方和	基线模型的对数似然值的 -2 倍
误差平方和	模型对数似然值的 -2 倍
回归平方和	基线模型的对数似然值的 -2 倍和模型对数似然值的 -2 倍的差
模型 F 检验	对数似然差的卡方检验
可解释的方差	可解释的伪方差

资料来源：Robert I. Kabacoff：《R 语言实战》，人民邮电出版社 2016 年版。

三、Logistic 模型的回归系数解释[①]

(一) 发生比 (优势比) 的对数

Logistic 回归系数 $\hat{\beta}_i$ 表示当解释变量 x_i 每变化一个单位，预测的发生某件事或者具有某种特征的发生比的对数的改变。除了响应变量的单位代表的是发生比的对数，系数的解释和普通线性回归中系数的解释是完全一样的。但 Logistic 回归系数缺乏一个有意义的度量。所谓的解释变量对发生比的对数产生的影响揭示不出什么有意义的关系，也很难去解释一个实质性的结果。

(二) 发生比 (优势比)

将 Logistic 回归系数进行转化，使得解释变量影响的是发生比而不是发生比的对数，如式 (5 - 6)，如果解释变量 x_k 是连续的，那么系数 β_k 表示在控制其他解释变量不变的条件下，当该解释变量增大一单位时，我们所关心的事件发生比会变为原来的 $\exp(\beta_k)$ 倍。当 $\beta_k > 0$ 时，$\exp(\beta_k) > 1$，事件的发生比会变大，说明该解释变量对事件的发生起到正向作用；当 $\beta_k < 0$ 时，$\exp(\beta_k) < 1$，事件的发生比会缩小，说明该解释变量对事件的发生起到负向作用；当 $\beta_k = 0$ 时，$\exp(\beta_k) = 1$，事件的发生比保持不变，说明该解释变量对事件的发生没有显著的影响。如果解释变量 x_k 是定性变量或二元虚拟变量，在定性变量处于某种水平时取值为 1，其余情况取值为 0，那么系数 β_k 表示在控制其他解释变量不变的条件下，当该解释变量处于某种水平时，对比该定性变量的参照水平（即反映该定性变量水平的虚拟变量全部为 0 时表示的水平），该水平对我们所关心的事件发生比的影响是使其变为原来的 $\exp(\beta_k)$ 倍。β_k 的正负号反映了该水平对事件发生比的影响是正还是负。

---

① ［美］弗雷德·C. 潘佩尔：《Logistic 回归入门》，周穆之译，格致出版社、上海人民出版社 2015 年版。

（三）概率

由于解释变量和事件发生的概率之间的关系并不是线性的而且不可加的，它们之间无法用一个系数来完整描述。

如果解释变量是连续变量，将解释变量与概率相联系的非线性等式即为偏导数。

$$\frac{\partial P}{\partial x_k} = \beta_k P(1 - P) \tag{5-7}$$

式（5-7）展现了一个解释变量对概率所造成的非线性影响。当 $P = 0.5$ 时的影响最大，因为 $0.5 \times 0.5 = 0.25$，$0.6 \times 0.4 = 0.24$，$0.7 \times 0.3 = 0.21$，等等。P 越接近于最大值或最小值，$P * (1 - P)$ 的值就越小，x_k 每变化一个单位，对概率所能带来的影响就越小。当 $P = 0.5$ 时对概率造成的影响最大，如果响应变量的划分并非均匀，也许会夸大对一个样本所造成的影响，在式（5-7）里用概率 P 的平均数代替 0.5。如 Logistic 回归模型中 x_k 的系数为 $\hat{\beta}_k$，响应变量事件发生期望的概率平均数为 $\overline{P}$，事件不发生期望的概率平均数为 $(1 - \overline{P})$，那么解释变量 x_k 每变化一个单位，对概率所能带来的影响为 $\hat{\beta}_k \overline{P}(1 - \overline{P})100\%$。

四、过度离势

抽样于二项分布的数据的期望方差是 $\sigma^2 = np(1 - p)$，n 为观测数，p 为属于 $Y = 1$ 组的概率。所谓过度离势，即观测到的响应变量的方差大于期望的二项分布的方差，过度离势会导致奇异的标准误检验和不精确的显著性检验。

当出现过度离势时，仍可使用函数 glm( ) 拟合 Logistic 模型，但此时需要将二项分布改为类二项分布（quasibinomial distribution）。

检验过度离势的一种方法是比较二项分布模型的残差偏差与残差自由度，如果下列比值比 1 大很多，即可认为存在过度离势：

$$\phi = \frac{残差偏差}{残差自由度}$$

还可以对过度离势进行检验，需要拟合两次模型，第一次使用 family = "binomial"，第二次使用 family = "quasibinomial"。假设第一次 glm( ) 返回对象记为 model，第二次返回对象记为 model. od，那么：

pchisq(summary(model. od)$ dispersion * model$ df. residual, model$ df. residual, lower = F)

提供的 p 值即可对原假设 H_0：$\phi = 1$ 进行检验。若 p 值很小（小于 0.05），即可拒绝原假设，也就是存在过度离势。

第三节　实　　例

【例5-1】（数据：example5_1.RData）数据来自 AER 包中的 Affairs 数据集，这个数据集来自1969年《今日心理》（Psychology Today）所做的一个婚外情调查。该数据从601个参与者收集了9个变量，包括一年来婚外私通的频率以及参与者性别、年龄、婚龄、是否有小孩、宗教信仰程度（5分制，1分表示反对，5分表示非常信仰）、学历、职业（逆向编号的戈登7种分类），还有对婚姻的自我评分（5分制，1表示非常不幸福，5表示非常幸福）。试分析年龄、婚龄、婚姻的自我评分对婚外私通的影响。[①]

求解过程如下：

一、描述统计分析

我们先进行描述统计分析，见文本框5-1。

文本框5-1

```
load("C:/text/ch5/example5_1.RData")
attach(example5_1)
options(digits =3)
prop.table(table(affairs)) *100;
prop.table(table(children)) *100;
prop.table(table(gender)) *100;
prop.table(table(religiousness)) *100
prop.table(table(rating)) *100#定性变量的分布表
```

```
affairs                          children      gender

  0     1     2     3     7    12      no    yes  female    male

75.04  5.66  2.83  3.16  6.99  6.32    28.5  71.5   52.4     47.6
```

---

① Robert I. Kabacoff：《R语言实战》，人民邮电出版社2016年版。

religiousness					rating				
1	2	3	4	5	1	2	3	4	5
7.99	27.29	21.46	31.61	11.65	2.66	10.98	15.47	32.28	38.60

从数据集的定性变量上看，75%的调查对象表示过去一年中没有婚外情，72%的调查对象有孩子，52%的调查对象是女性，8%的调查对象反对宗教信仰，3%的调查对象表示非常不幸福，39%的调查对象表示非常幸福，见文本框5－2。

文本框 5－2

```
summary(yearsmarried);
summary(education)#计算描述统计量
```

Min.	1st Qu.	Median	Mean	3rd Qu.	Max.
0.12	4.00	7.00	8.18	15.00	15.00
Min.	1st Qu.	Median	Mean	3rd Qu.	Max.
9.0	14.0	16.0	16.2	18.0	20.0

从数据集的定量变量上看，调查对象的平均婚龄是8年，调查对象的平均受教育年数是16年。虽然这些婚姻的婚外私通次数被记录下来，但我们感兴趣的结果是是否有过婚外情，将婚外私通次数转化为二值型因子 Y，见文本框5－3。

文本框 5－3

```
example5_1$Y[affairs >0] <-1
example5_1$Y[affairs = =0] <-0
example5_1$Y <- factor(example5_1$Y,levels = c(0,1),labels = c("No","Yes"))
prop.table(table(example5_1$Y)) *100
```

No	Yes
75	25

二、Logistic 模型的估计和检验

将是否有婚外情作为响应变量进行 Logistic 回归，结果见文本框5－4。

文本框 5 - 4

```
model1 <- glm(example5_1$Y ~ gender + age + yearsmarried + children
+ religiousness + education + occupation + rating, data = example5_
1, family = binomial())
summary(model1)
```

```
Call:
glm(formula = example5_1$Y ~ gender + age + yearsmarried + children +
religiousness + education + occupation + rating, family = binomial
(), data = example5_1)
Deviance Residuals:
  Min         1Q       Median        3Q         Max
-1.571      -0.750     -0.569      -0.254      2.519
Coefficients:
               Estimate  Std.Error  z value  Pr( > |z|)
(Intercept)     1.3773     0.8878      1.55     0.1208
gendermale      0.2803     0.2391      1.17     0.2411
age            -0.0443     0.0182     -2.43     0.0153 *
yearsmarried    0.0948     0.0322      2.94     0.0033 **
childrenyes     0.3977     0.2915      1.36     0.1725
religiousness  -0.3247     0.0898     -3.62     0.0003 ***
education       0.0211     0.0505      0.42     0.6769
occupation      0.0309     0.0718      0.43     0.6666
rating         -0.4685     0.0909     -5.15     2.6e - 07 ***
Signif.codes: 0 '***' 0.001 '**' 0.01 '*' 0.05 '.' 0.1
' ' 1
(Dispersion parameter for binomial family taken to be 1)
    Null deviance:675.38   on 600   degrees of freedom
Residual deviance:609.51   on 592   degrees of freedom
AIC:627.5
Number of Fisher Scoring iterations:4
```

从回归系数的 P 值可以看出，性别、是否有孩子、学历和职业都不显著，类似于线性函数，利用函数 step( ) 做变量选择，见文本框 5 - 5。

文本框 5 - 5

```
model1.step <- step(model1,direction = "both")#逐步筛选法变量选择
```

Start： AIC = 628

example5_1$ Y ~ gender + age + yearsmarried + children + religious-
ness + education + occupation + rating

	Df	Deviance	AIC
- education	1	610	626
- occupation	1	610	626
- gender	1	611	627
- children	1	611	627
< none >		610	628
- age	1	616	632
- yearsmarried	1	618	634
- religiousness	1	623	639
- rating	1	637	653

Step： AIC = 626

example5_1$ Y ~ gender + age + yearsmarried + children + religious-
ness + occupation + rating

	Df	Deviance	AIC
- occupation	1	610	624
- gender	1	611	625
- children	1	612	626
< none >		610	626
+ education	1	610	628
- age	1	616	630
- yearsmarried	1	618	632
- religiousness	1	623	637
- rating	1	637	651

Step： AIC = 624

example5_1$ Y ~ gender + age + yearsmarried + children + religious-
ness + rating

	Df	Deviance	AIC
- children	1	612	624
< none >		610	624
- gender	1	613	625
+ occupation	1	610	626
+ education	1	610	626
- age	1	616	628
- yearsmarried	1	619	631
- religiousness	1	624	636
- rating	1	637	649

Step: AIC = 624

example5_1$Y ~ gender + age + yearsmarried + religiousness + rating

	Df	Deviance	AIC
< none >		612	624
+ children	1	610	624
- gender	1	615	625
+ education	1	611	625
+ occupation	1	612	626
- age	1	618	628
- religiousness	1	626	636
- yearsmarried	1	626	636
- rating	1	640	650

筛选的结果见文本框 5 - 6。

文本框 5 - 6

summary(model1.step)

Call:

glm(formula = example5 _1 $ Y ~ gender + age + yearsmarried + reli-
giousness + rating,family = binomial(),data = example5_1)

Deviance Residuals:

Min	1Q	Median	3Q	Max
-1.562	-0.750	-0.566	-0.267	2.397

```
Coefficients:
             Estimate Std.Error z value  Pr(>|z|)
(Intercept)    1.9476    0.6123    3.18  0.00147 **
gendermale     0.3861    0.2070    1.87  0.06217.
age           -0.0439    0.0181   -2.43  0.01501 *
yearsmarried   0.1113    0.0298    3.73  0.00019 ***
religiousness -0.3271    0.0895   -3.66  0.00026 ***
rating        -0.4672    0.0893   -5.23  1.7e-07 ***
---
Signif.codes:  0  '***'  0.001  '**'  0.01  '*'  0.05  '.'  0.1
'' 1
```

由此得到 Logistic 回归方程为：

$$P = \frac{\exp(1.948 + 0.386\text{gender} - 0.044\text{age} + 0.111\text{yearsmarried} - 0.327\text{rel} - 0.467\text{rating})}{1 + \exp(1.948 + 0.386\text{gender} - 0.044\text{age} + 0.111\text{yearsmarried} - 0.327\text{rel} - 0.467\text{rating})}$$

新模型中除性别外的每个系数都显著，由于新旧模型是嵌套模型，可以使用函数 anova() 对他们进行比较，对于广义线性模型，可以用卡方检验，见文本框 5 - 7。

文本框 5 - 7

```
anova(model1.step,model1,test = "Chisq")
```

```
Analysis of Deviance Table
Model 1:example5_1$Y ~ gender + age + yearsmarried + religiousness +
rating
Model 2:example5_1$Y ~ gender + age + yearsmarried + children + re-
ligiousness +
    education + occupation + rating
Resid.Df  Resid.Dev  Df  Deviance  Pr(>Chi)
1              595   612
2              592   610   3        2.35      0.5
```

结果表明：五个解释变量的新模型与八个解释变量的模型拟合程度一样好，但性别变量的参数还是不显著，去掉性别变量，再一次进行估计，得到 model2，见文本框 5 - 8。

文本框 5 -8

```
model2 <- glm( example5_1$ Y ~ age + yearsmarried + religiousness +
rating,data = example5_1,family = binomial( ) )
summary( model2 )
```

```
Call:
glm( formula = example5_1$ Y ~ age + yearsmarried + religiousness +
rating,family = binomial( ),data = example5_1)
Deviance Residuals:
  Min      1Q     Median      3Q       Max
 -1.628   -0.755   -0.570    -0.262    2.400
Coefficients:
              Estimate  Std.Error  z value  Pr( >|z|)
(Intercept)    1.9308    0.6103     3.16    0.00156 **
age           -0.0353    0.0174    -2.03    0.04213 *
yearsmarried   0.1006    0.0292     3.44    0.00057 ***
religiousness -0.3290    0.0895    -3.68    0.00023 ***
rating        -0.4614    0.0888    -5.19    2.1e-07 ***
 ---
Signif.codes: 0 '***' 0.001 '**' 0.01 '*' 0.05 '.' 0.1
'' 1
(Dispersion parameter for binomial family taken to be 1)
    Null deviance:675.38   on 600   degrees of freedom
Residual deviance:615.36   on 596   degrees of freedom
AIC:625.4
Number of Fisher Scoring iterations:4
```

新模型中的每个系数都显著，由于新模型与逐步筛选的模型是嵌套模型，可以使用函数 anova( ) 对他们进行卡方检验比较，见文本框 5 -9。

文本框 5 -9

```
anova( model1.step,model2,test = "Chisq" )
```

```
Analysis of Deviance Table
Model 1:example5_1$ Y ~ gender + age + yearsmarried + religiousness +
rating
```

```
Model 2:example5_1$Y ~ age + yearsmarried + religiousness + rating
Resid.Df   Resid.Dev   Df   Deviance   Pr(>Chi)
1          595         612
2          596         615   -1         -3.5       0.061.
 ---
Signif.codes: 0 ‘***’ 0.001 ‘**’ 0.01 ‘*’ 0.05 ‘.’ 0.1
‘ ’ 1
```

由于 P = 0.061 > 0.05，进一步确认添加性别、是否有孩子、学历和职业不会显著提高模型的预测精度，因此可以选择简单的模型加以解释。最终 Logistic 回归方程为：

$$P = \frac{\exp(1.931 - 0.035\,age + 0.101\,yearsmarried - 0.329\,religiousness - 0.461\,rating)}{1 + \exp(1.931 - 0.035\,age + 0.101\,yearsmarried - 0.329\,religiousness - 0.461\,rating)}$$

三、Logistic 模型的回归系数解释

从回归系数看，Logistic 回归系数 $\hat{\beta}_i$ 表示当解释变量 x_i 每变化一个单位，预测的发生某件事或者具有某种特征的发生比（优势比）对数的改变。除了响应变量的单位代表的是发生比（优势比）对数外，系数的解释和普通线性回归中系数的解释是完全一样的。例如，当其他条件不变，年龄每增加 1 岁，婚外情的发生比的对数减少 0.03527 单位。所谓的解释变量对发生比的对数产生的影响揭示不出什么有意义的关系，也很难去解释一个实质性的结果。

由于发生比对数解释性差，可以对结果指数化，得到发生比，见文本框 5 – 10。

文本框 5 – 10

```
exp(coef(model2))
(Intercept)   age      yearsmarried   religiousness   rating
  6.895       0.965     1.106          0.720           0.630
```

系数 β_k 表示在控制其他解释变量不变的条件下，当该解释变量增大一单位时，我们所关心的事件发生比会变为原来的 $\exp(\beta_k)$ 倍。可以看出，如果婚龄增加 1 年（保持年龄、宗教信仰和婚姻评定不变），婚外情的发生比将会乘以 1.106，即发生婚外情的概率会增加；如果年龄增加 1 岁（保持婚龄、宗教信仰和婚姻评定不变），婚外情的发生比将会乘以 0.965，即婚外情的发生比将会减小。还可使用函数 confint( )

获得系数的置信区间：exp(confint(model1.step)) 可在发生比的尺度上得到系数95%的置信区间。

对于 Logistic 模型，某解释变量 n 单位的变化会引起发生比的更高值的变化 [exp(β_k)]^n。例如，保持其他解释变量不变，如果婚龄增加 10 年，发生比将乘以 1.106^10，即 2.7。

解释变量 x_k 每变化一个单位，对婚外情发生的概率所能带来的影响为 $\hat{\beta}_k \overline{P}(1-\overline{P})_{100\%}$，见文本框 5-11。

文本框 5-11

```
coef(model2)*0.25

(Intercept)      age    yearsmarried  religiousness      rating
   0.48271   -0.00882     0.02516        -0.08226       -0.11534
```

在其他解释变量不变的情况下，年龄每增加 1 岁，有婚外情的概率会下降 0.0088；婚龄每增加 1 年，婚外情发生的概率会增加 0.0252；越信仰宗教，发生婚外情的概率会越小；对婚姻的评级越高，发生婚外情的概率也会降低。

也可以通过创建虚拟数据集来评价解释变量对婚外情发生概率的影响。如评价婚龄时间长度对婚外情概率的影响，首先创建一个以年龄均值、婚姻评分均值和宗教信仰均值的虚拟数据集 newdata1，见文本框 5-12。

文本框 5-12

```
newdata1 <- data.frame(yearsmarried = seq(0.2,15,4),age = mean
(age),rating = mean(rating),religiousness = mean(religious-
ness))
newdata1
```

	yearsmarried	age	rating	religiousness
1	0.2	32.5	3.93	3.12
2	4.2	32.5	3.93	3.12
3	8.2	32.5	3.93	3.12
4	12.2	32.5	3.93	3.12

使用虚拟数据预测相应概率，见文本框 5-13。

文本框 5 –13

```
newdata1$ prop <- predict(model2,newdata = newdata1,type = "re-
sponse")
newdata1
```

	yearsmarried	age	rating	religiousness	prop
1	0.2	32.5	3.93	3.12	0.116
2	4.2	32.5	3.93	3.12	0.164
3	8.2	32.5	3.93	3.12	0.226
4	12.2	32.5	3.93	3.12	0.304

从预测结果可以看到：当婚龄从 0.2 变为 12.2 时，发生婚外情的概率从 0.116 上升到了 0.304（假定年龄、婚姻评分及宗教信仰不变）。

我们再从婚姻感觉评价的角度看婚姻评分对婚外情发生概率的影响，见文本框 5 –14。

文本框 5 –14

```
newdata2 <-data.frame(rating = seq(1:5),age = mean(age),yearsmar-
ried = mean(yearsmarried),religiousness = mean(religiousness))
newdata2$ prop <- predict(model2,newdata = newdata2,type = "re-
sponse")
newdata2
```

	rating	age	yearsmarried	religiousness	prop
1	1	32.5	8.18	3.12	0.530
2	2	32.5	8.18	3.12	0.416
3	3	32.5	8.18	3.12	0.310
4	4	32.5	8.18	3.12	0.220
5	5	32.5	8.18	3.12	0.151

从分析结果看，当其他解释变量不变的情况下，婚姻评分从 1（很不幸福）变为 5（非常幸福）时，发生婚外情的概率从 0.53 降低到了 0.151。

四、检验是否存在过度离势

检验是否存在过度离势，见文本框 5 –15。

文本框 5 – 15

```
deviance(model2)/df.residual(model2)
```

```
[1] 1.03
```

比值非常接近于 1，表明没有过度离势。也可以通过拟合两次模型进行检验是否存在过度离势，见文本框 5 – 16。

文本框 5 – 16

```
model1 <- glm(example5_1$Y ~ age + yearsmarried + religiousness +
rating, family = binomial(), data = example5_1)
model.od <- glm (example5_1$Y ~ age + yearsmarried + religious-
ness + rating, family = quasibinomial(), data = example5_1)
pchisq (summary (model.od) $ dispersion * model $ df.residual,
model$df.residual, lower = F)
```

```
[1] 0.34
```

此处 p 值为 0.34，大于 0.05，我们可以认定模型不存在过度离势。

习　题

1. 在一次关于公共交通的社会调查中，一个调查项目为"是乘坐公共汽车上下班，还是骑自行车上下班"。因变量 Y = 1 表示主要乘坐公共汽车上下班，Y = 0 表示主要骑自行车上下班。自变量 X_1 是年龄，作为连续型变量；X_2 是月收入（元）；X_3 是性别，1 表示男性，0 表示女性。调查对象为工薪族群体，数据见下表。

公共交通的社会调查数据

序号	性别	年龄（岁）	月收入（元）	Y	序号	性别	年龄（岁）	月收入（元）	Y
1	0	18	850	0	6	0	31	850	0
2	0	21	1200	0	7	0	36	1500	1
3	0	23	850	1	8	0	42	1000	1
4	0	23	950	1	9	0	46	950	1
5	0	28	1200	1	10	0	48	1200	0

续表

序号	性别	年龄（岁）	月收入（元）	Y	序号	性别	年龄（岁）	月收入（元）	Y
11	0	55	1800	1	20	1	32	1000	0
12	0	56	2100	1	21	1	33	1800	0
13	0	58	1800	1	22	1	33	1000	0
14	1	18	850	0	23	1	38	1200	0
15	1	20	1000	0	24	1	41	1500	0
16	1	25	1200	0	25	1	45	1800	1
17	1	27	1300	0	26	1	48	1000	0
18	1	28	1500	0	27	1	52	1500	1
19	1	30	950	1	28	1	56	1800	1

请用 Logistic 回归对该数据集进行拟合，分析年龄、性别、月收入对公共交通选择的影响，并做各种检验。[1]

2. 数据集 column. 2C. csv 的自变量（V1，V2，……，V6）为 6 个生物力学特征，都是数量。研究目的是把患者分为两类：正常人（100 人，代码为：NO：normal），不正常（210 人，代码为：AB：abnormal）。（数据集可从网站 http：//archive. ics. uci. edu/ml/datasets/Vertebral + Column 下载）在原始数据中变量 V6 的第 116 个观测值是明显的异常值，会影响拟合运算，因此，我们对其进行了修正（把原来的 418. 54 改为 46. 7093），这里的数据是修正后的。请用 Logistic 回归对该数据集进行拟合，分析 6 个生物力学特征对脊柱的影响，并做各种检验。[2]

---

① 何晓群：《多元统计分析》，中国人民大学出版社 2004 年版。
② 吴喜之：《应用回归及分类——基于 R》，中国人民大学出版社 2016 年版。

第六章

主成分分析

在实际问题的研究中，为了全面分析问题，往往涉及众多有关的变量。但是，变量太多不但会增加计算的复杂性，而且也给合理地分析问题和解释问题带来困难。一般说来，虽然每个变量都提供了一定的信息，但其重要性有所不同。实际上，在很多情况下，众多变量间有一定的相关关系，人们希望利用这种相关性对这些变量加以"改造"，用为数较少的新变量来反映原变量所提供的大部分信息，通过对新变量的分析达到解决问题的目的。主成分分析便是在这种降维的思维下产生的处理高维数据的统计方法。

第一节 主成分分析方法概述

一、什么是主成分分析

主成分分析（principal component analysis，PCA）是一种通过降维技术把多个指标简化为少数几个综合指标的综合统计分析方法，而这些综合指标能够反映原始指标的绝大部分信息，它们通常表现为原始几个指标的线性组合。主成分概念最早是由卡尔·帕森斯（Karl Parson）于 1901 年引进的，1933 年霍特林（Hotelling）把这个概念推广到随机向量。在实践中，主成分分析既可以单独使用，也可和其他方法结合使用，如主成分回归可克服多重共线性。

主成分分析的基本方法是通过构造原变量的适当的线性组合，以产生一系列互不相关的新变量，从中选出少数几个新变量并使它们含有尽可能多的原变量带有的信息，从而使得用这几个新变量代替原变量分析问题和解决问题成为可能。当研究的问题确定之后，变量中所含"信息"的大小通常用该变量的方差或样本方差来度量。

二、主成分分析的基本思想

主成分分析将具有一定相关性的众多指标重新组合成新的无相互关系的综合指标来代替。通常数学上的处理就是将这 p 个指标进行线性组合作为新的综合指标。问题是：这样的线性组合会很多，如何选择？如果将选取的第一个线性组合即第一个综合指标记为 F_1，希望它能尽可能多地反映原来指标的信息，即 $Var(F_1)$ 越大，F_1 所包含的原指标信息①就越多，F_1 的方差应该最大，称 F_1 为第一主成分。如果第一主成分 F_1 不足以代表原来 p 个指标的信息，再考虑选取 F_2 即选择第二个线性组合。为了有效地反映原来的信息，F_1 中已包含的信息，无须出现在 F_2 中，即 $Cov(F_1，F_2) = 0$，称 F_2 为第二主成分。仿此可以得到 p 个主成分。我们可以发现这些主成分之间互不相关且方差递减，即数据的信息包含在前若干个主成分中，因而只需挑选前几个主成分就基本上反映了原始指标的信息。这种既减少了变量的数目又抓住了主要矛盾的做法有利于问题的解决。

三、主成分分析的数学模型及几何意义

(一) 数学模型 (总体主成分)

设有 n 个样品，每个样品观测 p 个指标：X_1，X_2，$\cdots$，X_p，得到原始数据资料阵：

$$X = \begin{pmatrix} x_{11} & x_{12} & \cdots & x_{1p} \\ x_{21} & x_{22} & \cdots & x_{2p} \\ \vdots & \vdots & \ddots & \vdots \\ x_{n1} & x_{n2} & \cdots & x_{np} \end{pmatrix} = (X_1，X_2，\cdots，X_p)。$$

其中，$X_i = \begin{pmatrix} x_{1i} \\ x_{2i} \\ \vdots \\ x_{ni} \end{pmatrix}$ $i = 1，2，\cdots，p$。

其协方差矩阵为：

$$\sum = (\sigma_{ij})_{p \times p} = E(X - EX)(X - EX)'$$

它是一个 p 阶半正定矩阵。设 $a_i = (a_{1i}，a_{2i}，\cdots，a_{pi})'$ $(i = 1，2，\cdots，p)$

---

① 度量信息最经典的方差是方差。

为 p 个常数向量，考虑如下的线性组合：

$$\begin{cases} F_1 = a_1'X = a_{11}X_1 + a_{21}X_2 + \cdots + a_{p1}X_p \\ F_2 = a_2'X = a_{12}X_1 + a_{22}X_2 + \cdots + a_{p2}X_p \\ \cdots\cdots \\ F_p = a_p'X = a_{1p}X_1 + a_{2p}X_2 + \cdots + a_{pp}X_p \end{cases}$$

简记为 $F_i = a_i'X = a_{1i}X_1 + a_{2i}X_2 + \cdots + a_{pi}X_p$（i = 1，2，$\cdots$，p）

易知有：

$$\mathrm{Var}(F_i) = \mathrm{Var}(a_i'X) = a_i'\sum a_i$$

$$\mathrm{Cov}(F_i，F_j) = \mathrm{Cov}(a_i'X，a_j'X) = a_i'\sum a_j，\quad i \neq j\ (i，j = 1，2，\cdots，p)$$

如果我们希望用 F_1 代替原来 p 个变量 X_1，X_2，$\cdots$，X_p，这就要求 F_1 尽可能地反映原 p 个变量的信息。这里，"信息"用 F_1 的方差来度量，即 $\mathrm{Var}(F_1)$ 越大，表示 F_1 所含的 X_1，X_2，$\cdots$，X_p 中的信息越多。但由方差的表达式可知，必须对 a_i 加以限制，否则 $\mathrm{Var}(F_1)$ 无界。而最方便的限制是要求所有 a_i 具有单位长度，即 $a_1'a_1 = 1$，我们希望在此约束条件之下，求 a_1 使 $\mathrm{Var}(F_1)$ 达到最大，由此 a_1 所确定的随机变量 $F_1 = a_1'X$ 称为 X_1，X_2，$\cdots$，X_p 的第一主成分。如果第一主成分 F_1 还不足以反映原变量的信息，考虑采用 F_2。为了有效地反映原变量的信息，F_1 中已有的信息就不必要再包含在 F_2 中，用统计的语言来讲，要求 F_1 与 F_2 不相关，即

$$\mathrm{Cov}(F_1，F_2) = a_1'\sum a_2 = 0$$

于是，在约束条件 $a_2'a_2 = 1$ 及 $a_1'\sum a_2 = 0$ 之下，求 a_2 使 $\mathrm{Var}(F_2)$ 达到最大，由此 a_2 所确定的随机变量 $F_2 = a_2'X$ 称为 X_1，X_2，$\cdots$，X_p 的第二主成分。

一般地，在约束条件 $a_i'a_i = 1$ 及 $\mathrm{Cov}(F_i，F_k) = a_i'\sum a_k = 0\ (k = 1，2，\cdots，i-1)$ 之下，求 a_i 使 $\mathrm{Var}(F_i)$ 达到最大，由此 a_i 所确定的随机变量 $F_i = a_i'X$ 称为 X_1，X_2，$\cdots$，X_p 的第 i 主成分。

（二）主成分的几何意义[①]

从代数学观点看主成分就是 X_1，X_2，$\cdots$，X_p 的一些特殊的线性组合，而在几何上这些线性组合正是把 X_1，X_2，$\cdots$，X_p 构成的坐标系旋转产生的新的坐标系，新坐标系使之通过样品方差最大化方向。下面以二元正态变量为例说明主成分的几何意义。

当 p = 2 时，原变量是 X_1，X_2，设 $X = (X_1，X_2)' \sim N_2(\mu，\Sigma)$，它们有图 6-1 的相关关系：

---

① 何晓群：《多元统计分析》，中国人民大学出版社 2004 年版。

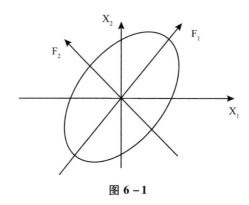

图 6 - 1

对于二元正态变量，n 个点的散布大致是一个椭圆，在其长轴方向取坐标轴 F_1，在其短轴方向取坐标轴 F_2。这相当于在平面上作一坐标变换，即按逆时针方向旋转 θ 角度，得

$$\begin{cases} F_1 = X_1\cos\theta + X_2\sin\theta \\ F_2 = -X_1\sin\theta + X_2\cos\theta \end{cases}$$

或

$$\begin{pmatrix} F_1 \\ F_2 \end{pmatrix} = \begin{pmatrix} \cos\theta & \sin\theta \\ -\sin\theta & \cos\theta \end{pmatrix} \begin{pmatrix} X_1 \\ X_2 \end{pmatrix} = U \cdot X$$

这里的 U 为正交矩阵，即 $U'U = I$。因此，在 F_1OF_2 坐标系中有如下性质：

(1) F_1 和 F_2 为 X_1，X_2 的线性组合；

(2) F_1 与 F_2 不相关；

(3) X_1 与 X_2 的总方差大部分归结为 F_1 轴上，而 F_2 轴上很少。

一般情况，p 个变量组成 p 维空间，n 个样品点就是 p 维空间的 n 个点，对 p 元正态分布变量来说，找主成分的问题就是找 p 维空间中椭球体的主轴问题。

第二节 主成分的推导及性质

这里首先从理论上给出总体主成分，探讨总体主成分的性质，而后再给出样本主成分。

一、 总体主成分

(一) 总体主成分的推导

设 $F = a'X = a_1X_1 + a_2X_2 + \cdots + a_pX_p$，其中 $a = (a_1, a_2, \cdots, a_p)'$ 且 $a'a = 1$，$X =$

$(X_1, X_2, \cdots, X_p)'$。求主成分的过程就是寻找 X 的线性组合 $a'X$，使相应的方差尽可能大的过程。

$$\mathrm{Var}(F) = \mathrm{Var}(a'X) = a'E(X - EX)(X - EX)'a = a'\sum a$$

设协差阵 Σ 的特征根为 $\lambda_1 \geq \lambda_2 \geq \cdots \geq \lambda_p > 0$，相应的正交单位特征向量为 $U = (U_1, U_2, \cdots, U_p)'$，则

$$\Sigma = U \begin{pmatrix} \lambda_1 & & \\ & \ddots & \\ & & \lambda_p \end{pmatrix} U' = \sum_{i=1}^{p} \lambda_i U_i U_i'$$

因此，$a'\Sigma a = \sum_{i=1}^{p} \lambda_i a'U_i U_i' a = \sum_{i=1}^{p} \lambda_i (a'U_i)(U_i'a) = \sum_{i=1}^{p} \lambda_i (a'U_i)(a'U_i)' = \sum_{i=1}^{p} \lambda_i (a'U_i)^2$

所以，$a'\Sigma a \leq \lambda_1 \sum_{i=1}^{p} (a'U_i)^2 = \lambda_1 (a'U)(a'U)' = \lambda_1 a'UU'a = \lambda_1 a'a = \lambda_1$

而事实上，当 $a = U_1$ 时有：

$$U_1'\Sigma U_1 = U_1'(\sum_{i=1}^{p} \lambda_i U_i U_i')U_1 = \sum_{i=1}^{p} \lambda_i (U_1'U_i)(U_i'U_1) = \lambda_1 (U_1'U_1)^2 = \lambda_1$$

由此可知，在约束条件 $a'a = 1$ 之下，当 $a = U_1$ 时，使 $\mathrm{Var}(a'X) = a'\Sigma a$ 达到最大值，且 $\mathrm{Var}(U_1'X) = U_1'\Sigma U_1 = \lambda_1$。

同理可求 $\mathrm{Var}(U_i'X) = U_i'\Sigma U_i = \lambda_i$，且

$$\mathrm{Cov}(U_i'X, U_j'X) = U_i'\Sigma U_j = U_i'[\sum_{k=1}^{p} \lambda_k U_k U_k']U_j$$

$$= [\sum_{k=1}^{p} \lambda_k (U_i'U_k)(U_k'U_j)] = 0 \, (i \neq j)$$

$X = (X_1, X_2, \cdots, X_p)'$ 的主成分就是以 Σ 的特征向量为系数的线性组合，它们互不相关，其方差为 Σ 的特征根，主成分的名次是按照特征根大小的顺序排列的。

（二）总体主成分的性质

性质 1：设 $F = a'X$ 为 X 的主成分，则其协方差阵为由 X 的协方差矩阵所对应特征根组成的对角阵。

性质 2：$\sum_{i=1}^{p} \mathrm{Var}(X_i) = \sum_{i=1}^{p} \sigma_{ii} = \sum_{i=1}^{p} \lambda_i = \sum_{i=1}^{p} \mathrm{Var}(F_i)$。

证明：$\sum_{i=1}^{p} \mathrm{Var}(X_i) = \sum_{i=1}^{p} \sigma_{ii} = \mathrm{tr}(\Sigma) = \mathrm{tr}(U\Lambda U') = \mathrm{tr}(\Lambda UU') = \mathrm{tr}(\Lambda) = \sum_{i=1}^{p} \lambda_i = \sum_{i=1}^{p} \mathrm{Var}(F_i)$。

注：此性质说明 X_1，X_2，$\cdots$，X_p 各变量方差之和等于各个主成分的方差之和，即 $\sum\limits_{i=1}^{p}\lambda_i$。因此，$\lambda_k\big/\sum\limits_{i=1}^{p}\lambda_i$ 描述了第 k 个主成分提取的信息占总信息量的份额。称 $\lambda_k\big/\sum\limits_{i=1}^{p}\lambda_i$ 为第 k 个主成分 F_k 的方差贡献率，称 $\sum\limits_{i=1}^{m}\lambda_i\big/\sum\limits_{i=1}^{p}\lambda_i$ 为前 m 个主成分 F_1，F_2，$\cdots$，F_m 的方差累积贡献率。累积贡献率表明了前 m 个主成分提取了 X_1，X_2，$\cdots$，X_p 中的总信息量的份额。在实际应用中，通常选取 m < p，使前 m 个主成分的累积贡献率达到一定的比例（如85%）。这样用前 m 个主成分代替原来的变量 X_1，X_2，$\cdots$，X_p 而不至于损失太多的信息，从而达到减少变量个数的目的。

性质 3：$\rho(F_k，X_i)=\dfrac{U_{ki}\sqrt{\lambda_k}}{\sqrt{\sigma_{ii}}}$。

证明：因为 $Var(F_k)=\lambda_k$，$Var(X_i)=\sigma_{ii}$

$$Cov(F_k，X_i)=Cov(U_k'X，e_i'X)=U_k'D(X)e_i=U_k'\Sigma e_i=e_i'(\Sigma U_k)=e_i'(\lambda_k U_k)=\lambda_k U_{ki}①$$

所以，$\rho(F_k，X_i)=\dfrac{Cov(F_k，X_i)}{\sqrt{Var(F_k)Var(X_i)}}=\dfrac{U_{ki}\sqrt{\lambda_k}}{\sqrt{\sigma_{ii}}}$。

（三）标准化变量的主成分②

在实际问题中，不同的变量往往有不同的量纲，由于不同的量纲会引起各变量取值的分散程度差异较大，这时，总体方差则主要受方差较大的变量的控制。若用 Σ 求主成分，则优先照顾了方差大的变量，有时会造成很不合理的结果。为了消除由于量纲的不同可能带来的影响，常采用变量标准化的方法，即令

$$X_i^*=\frac{X_i-\mu_i}{\sqrt{\sigma_{ii}}}\quad i=1，2，\cdots，p$$

其中 $\mu_i=EX_i$，$\sigma_{ii}=Var(X_i)$。这时，$X^*=(X_1^*，X_2^*，\cdots，X_p^*)'$ 的协方差矩阵便是 $X=(X_1，X_2，\cdots，X_p)'$ 的相关矩阵 $\rho=(\rho_{ij})_{p\times p}$，其中，$\rho_{ij}=E\left[\dfrac{X_i-\mu_i}{\sqrt{\sigma_{ii}}}\right]\left[\dfrac{X_j-\mu_j}{\sqrt{\sigma_{jj}}}\right]=\dfrac{Cov(X_i，X_j)}{\sqrt{\sigma_{ii}\sigma_{jj}}}$。

利用 X 的相关矩阵 ρ 作主成分分析，平行于前面的结论，可以有如下的定理。

定理：设 $X^*=(X_1^*，X_2^*，\cdots，X_p^*)'$ 为标准化的随机向量，其协方差矩阵（即 X 的

---

① 这里 e_i 为第 i 个分量为 1 其余分量为 0 的单位向量。并且使用了 $A\xi=\lambda\xi$ 这个结论。

② 一个总体往往由 p 个变量所组成，代表不同性质的 p 个指标，具有不同的计量单位，使得主成分方差 λ_i 的大小取决于量纲的选择，从而导致各主成分方差大小排序的偏误。实施标准化后，使得不同变量或指标反映信息量的大小具有可比性。

相关矩阵）为 ρ，则 X^* 的第 i 个主成分 $F_i^* = (U_i^*)'X^* = U_{1i}^* \dfrac{X_1 - \mu_1}{\sqrt{\sigma_{11}}} + U_{2i}^* \dfrac{X_2 - \mu_2}{\sqrt{\sigma_{22}}} + \cdots + U_{pi}^*$

$\dfrac{X_p - \mu_p}{\sqrt{\sigma_{pp}}}$　i = 1, 2, $\cdots$, p。并且 $\displaystyle\sum_{i=1}^{p} Var(F_i^*) = \sum_{i=1}^{p} \lambda_i^* = \sum_{i=1}^{p} Var(X_i^*) = p$。

其中 $\lambda_1^* \geqslant \lambda_2^* \geqslant \cdots \geqslant \lambda_p^* \geqslant 0$ 为相关矩阵 ρ 的特征值，U_1^*，U_2^*，$\cdots$，U_p^* 为相应的正交单位化特征向量。这时，第 i 个主成分的贡献为 λ_i^* / p，前 m 个主成分的累积贡献为 $\displaystyle\sum_{i=1}^{m} \lambda_i^* / p$。

（四）标准化和非标准化数据的主成分

【例 6-1】设 $X = (X_1, X_2)'$ 协方差矩阵和对应的相关矩阵分别为：

$$\Sigma = \begin{pmatrix} 1 & 4 \\ 4 & 100 \end{pmatrix}, \quad \rho = \begin{pmatrix} 1 & 0.4 \\ 0.4 & 1 \end{pmatrix}$$

如果从 Σ 出发作主成分分析，易求得其特征值和相应的单位正交化特征向量为：

$$\lambda_1 = 100.16, \quad U_1 = (0.040, 0.999)'$$
$$\lambda_2 = 0.84, \quad U_2 = (0.999, -0.040)'$$

则 X 的两个主成分分别为：

$$F_1 = 0.040X_1 + 0.999X_2, \quad F_2 = 0.999X_1 - 0.040X_2$$

第一主成分的贡献率为：

$$\frac{\lambda_1}{\lambda_1 + \lambda_2} = \frac{100.16}{100.16 + 0.84} = 99.2\%$$

我们看到由于 X_2 的方差很大，它完全控制了提取信息量占 99.2% 的第一主成分（X_2 在 F_1 中的系数为 0.999），淹没了变量 X_1 的作用。

如果从相关矩阵 ρ 出发求主成分，可求得其特征值和相应的单位正交化特征向量为：

$$\lambda_1^* = 1.4, \quad U_1^* = (0.707, 0.707)'$$
$$\lambda_2^* = 0.6, \quad U_2^* = (0.707, -0.707)'$$

则 X^* 的两个主成分分别为：

$$F_1^* = 0.707X_1^* + 0.707X_2^* = 0.707(X_1 - \mu_1) + 0.707(X_2 - \mu_2)$$
$$F_2^* = 0.707X_1^* - 0.707X_2^* = 0.707(X_1 - \mu_1) - 0.707(X_2 - \mu_2)$$

此时，第一个主成分的贡献率有所下降，为 $\dfrac{\lambda_1^*}{p} = \dfrac{1.4}{2} = 70\%$。

由此看到，原变量在第一主成分中的相对重要性由于标准化而有很大的变化。在由 Σ 所求得的第一主成分中的，X_1 和 X_2 的权重系数分别为 0.040 和 0.999，主要由大方差的变量控制。而在由 ρ 所求得的第一主成分中，X_1 和 X_2 的权重系数反而成了 0.707 和 0.0707，即 X_1 的相对重要性得到提升。此例也表明，由 Σ 和 ρ 求得的主成分一般是不相同的，而且，其中一组主成分也不是第二组主成分的某简单函数。在实际应用中，当涉及的各变量的变化范围差异较大时，从 ρ 出发求主成分比较合理。

二、样本主成分

（一）样本主成分的导出

在实际问题中，一般 Σ（或 ρ）是未知的，需要通过样本来估计。设 $x_i = (x_{i1}, x_{i2}, \cdots, x_{ip})'$ $i = 1, 2, \cdots, n$ 为 $X = (X_1, X_2, \cdots, X_p)'$ 的一个容量为 n 的简单随机样本，则样本协方差矩阵及样本相关矩阵分别为：

$$S = (s_{ij})_{p \times p} = \frac{1}{n-1} \sum_{i=1}^{n} (x_i - \bar{x})(x_i - \bar{x})'$$

$$R = (r_{ij})_{p \times p} = \frac{s_{ij}}{\sqrt{s_{ii} s_{jj}}}$$

其中，

$$\bar{x} = (\bar{x}_1, \bar{x}_2, \cdots, \bar{x}_p)', \quad \bar{x}_i = \frac{1}{n} \sum_{j=1}^{n} x_{ij} \quad i = 1, 2, \cdots, p$$

$$s_{ij} = \frac{1}{n-1} \sum_{k=1}^{n} (x_{ik} - \bar{x}_i)(x_{jk} - \bar{x}_j)' \quad i, j = 1, 2, \cdots, p$$

分别以 S 和 R 作为 Σ 和 ρ 的估计，按照前面所述方法，从样本协差阵 S 和相关阵 R 出发求出的主成分称为样本主成分。

定理：设 $S = (s_{ij})_{p \times p}$ 是样本协方差矩阵，其特征值为 $\hat{\lambda}_1 \geqslant \hat{\lambda}_2 \geqslant \cdots \geqslant \hat{\lambda}_p \geqslant 0$，相应的正交单位化特征向量为 $\hat{U}_1, \hat{U}_2, \cdots, \hat{U}_p$，则第 i 个样本主成分为：

$$\hat{F}_i = \hat{U}_i x = \hat{U}_{i1} x_1 + \hat{U}_{i2} x_2 + \cdots + \hat{U}_{ip} x_p, \quad i = 1, 2, \cdots, p$$

其中 $x = (x_1, x_2, \cdots, x_p)'$ 为 X 的任一观测值。当依次代入 X 的 n 个观测值 $x_k = (x_{k1}, x_{k2}, \cdots, x_{kp})'$ $k = 1, 2, \cdots, n$ 时，便得到第 i 个样本主成分 $\hat{F}_i$ 的 n 个观测值 $\hat{F}_{ki}(k = 1, 2, \cdots, n)$。这时

$$\begin{cases} \hat{F}_i \text{ 的样本方差} = \hat{U}_i' S \hat{U}_i = \hat{\lambda}_i' \quad i = 1, 2, \cdots, p \\ \hat{F}_i \text{ 与 } \hat{F}_j \text{ 的样本协方差} = \hat{U}_i' S \hat{U}_j = 0 \quad i \neq j \\ \text{样本总方差} = \sum_{i=1}^{p} s_{ii} = \sum_{i=1}^{p} \hat{\lambda}_{ii} \end{cases}$$

这时，第 i 个样本主成分的贡献率定义为：$\sum\limits_{i=1}^{m} \hat{\lambda}_i \Big/ \sum\limits_{i=1}^{p} \hat{\lambda}_i$。同时为了消除量纲的影响，我们可以对样本进行标准化，即令：

$$x_i^* = \left(\frac{x_{i1} - \bar{x}_1}{\sqrt{s_{11}}}, \ \frac{x_{i2} - \bar{x}_2}{\sqrt{s_{22}}}, \ \cdots, \ \frac{x_{ip} - \bar{x}_p}{\sqrt{s_{pp}}} \right) \quad i = 1, \ 2, \ \cdots, \ n$$

$$x^* = \begin{pmatrix} x_{11}^* & x_{12}^* & \cdots & x_{1p}^* \\ x_{21}^* & x_{22}^* & \cdots & x_{2p}^* \\ \vdots & \vdots & \ddots & \vdots \\ x_{n1}^* & x_{n2}^* & \cdots & x_{np}^* \end{pmatrix}$$

则标准化数据的样本协方差矩阵即为原数据的样本相关矩阵 R^*。由 R^* 出发所得的样本主成分称为标准化样本主成分。只要求出 R^* 的特征值及相应的单位正交化特征向量，类似上述结果可求得标准化样本主成分。这时标准化样本的样本总方差为 p。

证明：对于标准化数据矩阵 x^*，样本相关矩阵为：

$$R^* = \frac{1}{n}(x^*)'(x^*) = \begin{pmatrix} r_{11} & r_{12} & \cdots & r_{1p} \\ r_{21} & r_{22} & \cdots & r_{2p} \\ \vdots & \vdots & \ddots & \vdots \\ r_{p1} & r_{p2} & \cdots & r_{pp} \end{pmatrix}$$

$\hat{F}^* = x^* U^*$，其中 U^* 为相关矩阵 R 的单位正交特征向量所组成的矩阵，其特征根分别为 $\hat{\lambda}_1^*, \ \hat{\lambda}_2^*, \ \cdots, \ \hat{\lambda}_p^*$，满足 $(U^*)'U^* = I$。

现在考察 $\frac{1}{n}\hat{F}^{*'}\hat{F}^*$

$$\frac{1}{n}\hat{F}^{*'}\hat{F}^* = \frac{1}{n}(x^* U^*)'(x^* U^*) = U^{*'}\left(\frac{1}{n}(x^*)'x^* \right)U^* = U^{*'}RU^*$$

$$= \begin{pmatrix} \hat{\lambda}_1^* & & & \\ & \hat{\lambda}_2^* & & \\ & & \ddots & \\ & & & \hat{\lambda}_p^* \end{pmatrix} \triangleq \hat{\Lambda}^*$$

从而新变量 $\hat{F}_i^*$ 的样本方差为 $\hat{\lambda}_i^*$，即对于 $\hat{F}_1^*$ 有最大的方差；$\hat{F}_2^*$ 有次大的方差，……并且协方差为：

$$\frac{1}{n}\hat{F}_i^{*'}\hat{F}_j^* = \frac{1}{n}(x^* U_i^*)'(x^* U_j^*) = U_i^{*'}\left(\frac{1}{n}(x^*)'x^* \right)U_j^*$$

$$= U_i^{*'}RU_j^* \quad i, \ j = 1, \ 2, \ \cdots, \ p$$

由于：

$$R = U^* \Lambda U^{*'} = (U_1^* \quad U_2^* \quad \cdots \quad U_p^*)\begin{pmatrix} \hat{\lambda}_1^* & & & \\ & \hat{\lambda}_2^* & & \\ & & \ddots & \\ & & & \hat{\lambda}_p^* \end{pmatrix}\begin{pmatrix} U_1^{*'} \\ U_2^{*'} \\ \cdots \\ U_p^{*'} \end{pmatrix}$$

$$= \hat{\lambda}_1^* U_1^* U_1^{*'} + \hat{\lambda}_2^* U_2^* U_2^{*'} + \cdots + \hat{\lambda}_p^* U_p^* U_p^{*'} = \sum_{i=1}^p \hat{\lambda}_i^* U_i^* U_i^{*'}$$

所以，新变量的样本协方差为：

$$\frac{1}{n}\hat{F}_i^{*'}\hat{F}_j^* = U_i^{*'} R U_j^* = U_i^{*'}(\sum_{k=1}^p \hat{\lambda}_k^* U_k^* U_k^{*'})U_j^*$$

$$= \sum_{k=1}^p \hat{\lambda}_k^*(U_i^{*'}U_k^*)(U_k^{*'}U_j^*) = 0 \quad i,j = 1,2,\cdots,p \text{ 且 } i \neq j$$

由推导过程可以看到，由变量 x_1^*，x_2^*，$\cdots$，x_p^*，经过正交变换得到的新变量 $\hat{F}_1^*$，$\hat{F}_2^*$，$\cdots$，$\hat{F}_p^*$ 不仅彼此不相关，而且它们的方差是特征根 $\hat{\lambda}_1^*$，$\hat{\lambda}_2^*$，$\cdots$，$\hat{\lambda}_p^*$。这表明新变量 $\hat{F}_1^*$，$\hat{F}_2^*$，$\cdots$，$\hat{F}_p^*$ 就是所寻求的主成分，为了书写的方便用 f_1，f_2，$\cdots$，f_p 来表示。

（二）样本主成分的性质

性质 1：第 k 个主成分 f_k 的系数向量是第 k 个特征根 λ_k^* 所对应的标准化特征向量 U_k^*，即若 $f_k = U_k^{*'}x^* = U_{k1}^* x_1^* + U_{k2}^* x_2^* + \cdots + U_{kp}^* x_p^*$，则 $\sum_{k=1}^p U_{ki}^{*'} U_{ki}^* = \begin{cases} 1 & i=j \\ 0 & i \neq j \end{cases}$

性质 2：第 k 个主成分 f_k 的方差为第 k 个特征根 λ_k^*，且任意两个主成分都是不相关的，也就是主成分 f_1，f_2，$\cdots$，f_p 的样本协方差矩阵 Λ 是对角矩阵。

$$\Lambda^* = \begin{pmatrix} \lambda_1^* & & & \\ & \lambda_2^* & & \\ & & \ddots & \\ & & & \lambda_p^* \end{pmatrix}$$

性质 3：样本主成分的总方差等于原变量样本的总方差，即 $\sum_{j=1}^p \lambda_j^* = \sum_{j=1}^p S_{jj}^*$

事实上，$\sum_{j=1}^p \lambda_j^* = \mathrm{tr}\Lambda = \mathrm{tr}[U^* R^* U^*] = \mathrm{tr}[R^* U^{*'} U^*] = \mathrm{tr}R^* = \sum_{j=1}^p r_{jj}^* = \sum_{j=1}^p S_{jj}^* = p$

性质 4：第 k 个主成分 f_k 与第 j 个变量样本之间的相关系数为：

$$r(f_k, x_j) = r(f_k, x_j^*) = \sqrt{\lambda_k} U_{kj}^*, \quad j = 1, 2, \cdots, p$$

性质 4 表明特征向量 U_k^* 的第 j 个分量 U_{kj}^* 描述了第 j 个变量 $x_j(x_j^*)$ 对第 k 个主成分 f_k 的重要性。习惯上称主成分 f_k 与变量 $x_j(x_j^*)$ 的相关系数为 f_k 中变量 $x_j(x_j^*)$ 的载（负）荷量。

性质 5：第 k 个主成分 f_k 对所有变量的载荷量平方之和为主成分 f_k 的方差，即：

$$\sum_{j=1}^{p} r^2(f_k, x_j) = \sum_{j=1}^{p} r^2(f_k, x_j^*) = \lambda_k, \quad k = 1, 2, \cdots, p$$，它表示主成分 f_k 对 x_1，x_2，$\cdots$，$x_p(x_1^*, x_2^*, \cdots, x_p^*)$ 的总方差贡献，并等于 f_k 对每个 x_j 方差贡献（$\sqrt{\lambda_k} U_{kj}^*)^2 = \lambda_k(U_{kj}^*)^2$ 之和。

性质 6：所有主成分对变量 $x_j(x_j^*)$ 的总方差贡献为：

$$\sum_{k=1}^{p} r^2(f_k, x_j) = \sum_{j=1}^{p} r^2(f_k, x_j^*) = \sum_{j=1}^{p} \lambda_k(U_{kj}^*)^2, \quad j = 1, 2, \cdots, p$$

第三节　主成分分析的步骤

一、计算相关系数矩阵

将原始数据标准化，以消除变量间在数量级和量纲上的不同。设有 n 个样品，p 个指标，将原始数据标准化，得标准化数据矩阵：

$$X = \begin{pmatrix} x_{11} & x_{12} & \cdots & x_{1p} \\ x_{21} & x_{22} & \cdots & x_{2p} \\ \vdots & \vdots & \ddots & \vdots \\ x_{n1} & x_{n2} & \cdots & x_{np} \end{pmatrix}$$

计算标准化后的数据矩阵 X 的协方差矩阵，即相关系数矩阵：$R = (r_{ij})_{p \times p}$。

二、进行 KMO 和 Bartlett's 球形检验

KMO（Kaiser – Meyer – Olkin）检验统计量是用于比较变量间简单相关系数和偏相关系数的指标。KMO 统计量是取值在 0 和 1 之间。当所有变量间的简单相关系数平方和远远大于偏相关系数平方和时，KMO 值接近 1。KMO 值越接近于 1，意味着变量间的相关性越强，原有变量越适合作主成分分析；当所有变量间的简单相关系数平方和接近 0 时，KMO 值接近 0。KMO 值越接近于 0，意味着变量间的相关性越弱，原

有变量越不适合作主成分分析。

凯泽（Kaiser）给出了常用的 KMO 度量标准：0.9 以上表示非常适合；0.8 表示适合；0.7 表示一般；0.6 表示不太适合；0.5 以下表示极不适合。

Bartlett's 球形检验主要是用于检验数据的分布，以及各个变量间的独立情况。按照理想情况，如果有一个变量，那么所有的数据都在一条线上；如果有两个完全独立的变量，则所有的数据在两条垂直的线上；如果有三个完全独立的变量，则所有的数据在三条相互垂直的线上。如果有 n 个变量，那所有的数据就会在 n 条相互垂直的线上，在每个变量取值范围大致相等的情况下，所有的数据分布就像在一个球形体里面。

如果变量间彼此独立，则无法从中提取主成分，也就无法应用主成分分析法。Bartlett 球形检验判断如果相关阵是单位阵，则各变量独立因子分析法无效。由检验结果显示 Sig. <0.05（即 p 值 <0.05）时，说明符合标准，数据呈球形分布，各个变量在一定程度上相互独立。

三、计算特征值、方差贡献率及累计方差贡献率

计算相关系数矩阵 R 的特征根 $\lambda_1 \geqslant \lambda_2 \geqslant \cdots \geqslant \lambda_p > 0$。计算第 k 个主成分提取的信息占总信息量的份额 $\lambda_k \Big/ \sum_{i=1}^{p} \lambda_i$，即 $\lambda_k \Big/ \sum_{i=1}^{p} \lambda_i$ 为第 k 个主成分 F_k 的方差贡献率；计算前 m 个主成分 F_1，F_2，$\cdots$，F_m 的方差累积贡献率 $\sum_{i=1}^{m} \lambda_i \Big/ \sum_{i=1}^{p} \lambda_i$。累积贡献率表明了前 m 个主成分提取了 X_1，X_2，$\cdots$，X_p 中的总信息量的份额。在实际应用中，通常选取 m < p，使前 m 个主成分的累积贡献率达到一定的比例（如 80%）。

四、确定主成分的个数及主成分载荷，写出主成分

主成分分析的根本目的是把复杂的高维空间的（样本）点降至低维空间进行处理分析，这种降维要在尽量不损失原 p 维空间信息的基础上进行。而信息总量的多少已经过数据的正交变换集中反映在新变量 F_1，F_2，$\cdots$，F_p 的总方差上，即 $\sum_{i=1}^{p} \text{Var}(F_i) = \sum_{i=1}^{p} \lambda_i$。而根据特征根的性质知道：前面的特征根取值较大。因此，在实际研究过程只取 p 个主成分中的前 m 个进行讨论，因为它集中了信息总量的绝大部分。到底选择多少进行分析合适？需要确定相应的准则。

（一）80%原则

记方差的累积贡献率为 $\sum\limits_{i=1}^{m}\lambda_i \Big/ \sum\limits_{i=1}^{p}\lambda_i$，根据我国主成分分析的实践来看，通常达到80%即可以保证分析结果的可靠性。

（二）$\lambda_i > \bar\lambda$ 的原则（平均截点法）

先计算 $\bar\lambda = \dfrac{1}{p}\sum\limits_{i=1}^{p}\lambda_i$，然后将 λ_i 与之进行比较，选取 $\lambda_i > \bar\lambda$ 的前 m 个变量的主成分。由于 λ_i 由样本数据的相关矩阵 R 所求得，所以 $\bar\lambda = 1$，故只要选取 $\lambda_i > 1$ 的前 m 个变量作为主成分即可。

（三）斯格理（Screet）原则（碎石图）

具体做法：计算特征根的差 $\Delta\lambda_i = \lambda_{i+1} - \lambda_i$，如果前 m 个 $\Delta\lambda_i$ 比较近，即出现了较为稳定的差值，则后 p－m 个变量 F_{m+1}，F_{m+2}，$\cdots$，F_p 可以确定为非主成分。

计算相关系数矩阵 R 的特征根 $\lambda_1 \geqslant \lambda_2 \geqslant \cdots\cdots \geqslant \lambda_n > 0$ 相应的单位正交特征向量

$$U_1 = \begin{pmatrix} u_{11} \\ u_{21} \\ \vdots \\ u_{p1} \end{pmatrix},\ U_2 = \begin{pmatrix} u_{12} \\ u_{22} \\ \vdots \\ u_{p2} \end{pmatrix},\ \cdots,\ U_p = \begin{pmatrix} u_{1p} \\ u_{2p} \\ \vdots \\ u_{pp} \end{pmatrix},\ 写出主成分。$$

五、计算各主成分得分

以各主成分对原指标的相关系数（即载荷系数）为权重，将各主成分表示为原指标的线性组合，即

$$F_j = u_{j1}x_1 + u_{j2}x_2 + \cdots + u_{jp}x_p \quad j = 1,\ 2,\ \cdots,\ m$$

对主成分经济意义的解释，通常只能结合被研究事物的具体指标及其变量系数的大小作出，归纳起来主要有以下几种解释思路或方法。

（1）从特征向量的各个分量 u_{ij} 数值的大小入手进行分析与概括，u_{ij} 表明了变量 x_j 与主成分 F_i 之间的关系。主成分 F_i 在变量 x_j 上的系数 u_{ij} 越大，说明该主成分主要代表了该变量 x_j 的信息；反之，若越接近于 0，则表明几乎没有该变量什么信息。

（2）从特征向量的各个分量 u_{ij} 数值的符号入手进行分析与概括，主成分系数 u_{ij} 的符号表明了变量 x_j 与主成分 F_i 之间的作用关系，一般地，正号表示变量与主成分的作用同方向；而负号则表示变量与主成分作用是逆向变动关系。

（3）如果变量分组较有规则，则从特征向量各分量 u_{ij} 数值作出组内、组间对比分析。

（4）如果主成分中，各变量的系数都大致相同，则要考虑是否存在一个一般性的影响因素。

六、计算综合得分

以各主成分的方差贡献率为权重，将其线性组合得到综合评价得分：

$$F = \frac{\lambda_1 F_1 + \lambda_2 F_2 + \cdots + \lambda_m F_m}{\lambda_1 + \lambda_2 + \cdots + \lambda_m}$$

七、得分排序

利用综合得分可以得到得分名次，并对分析结果进行统计意义和实际意义的解释。

【例 6 - 2】为了解我国 31 个省份 2012 年的城镇居民消费支出状况，应用主成分分析法对 31 个省份城镇居民消费支出状况进行综合评价。具体采用的指标有：城镇居民家庭人均食品消费支出（元）（x1）、城镇居民家庭人均衣着消费支出（元）（x2）、城镇居民家庭人均居住消费支出（元）（x3）、城镇居民家庭人均家庭设备及用品消费支出（元）（x4）、城镇居民家庭人均医疗保健消费支出（元）（x5）、城镇居民家庭人均交通和通信消费支出（元）（x6）、城镇居民家庭人均文教娱乐服务消费支出（元）（x7）及城镇居民家庭人均其他消费支出（元）（x8），数据文件见 example6_1. RData.（数据来源：国家统计局网站，www. stats. gov. cn。）

解：首先，数据标准化，见文本框 6 - 1。

文本框 6 - 1

```
example6_2 <-read.csv("C:/text/ch6/example6_2.csv")
x <- round(scale(example6_2[ -1]),3)    #去掉第一列省份,将八个指标标
准化,保留 3 位小数
x
        x1       x2       x3       x4       x5       x6       x7       x8
[1,]1.310    2.201    1.977    2.006    2.403    1.766    2.516    2.187
[2,]1.162    0.253    1.565    0.384    2.001    0.955    0.565    1.125
[3,]-1.248   -0.619   0.322    -0.587   -0.005   -0.623   -0.856   -0.860
[4,]-1.521   -0.651   0.098    -0.741   -0.562   -0.682   -0.447   -0.668
.....
```

```
[28,] -0.947   -0.389   -0.436   -0.739    0.004  -0.795   -0.606   -0.634
[29,] -0.897   -0.696   -0.632   -0.419   -0.562 -0.825   -1.000   -0.723
[30,] -0.819    0.239   -0.769   -0.400    0.057  -0.174   -0.434   -0.083
[31,] -0.457    0.638   -0.864   -0.325   -0.083 -0.696   -0.752   -0.394
attr(,"scaled:center")
  x1          x2         x3         x4         x5         x6         x7         x8
5832.810 1782.819 1411.245 1042.394 1048.632 2260.281 1836.3839 630.610
attr(,"scaled:scale")
   x1          x2         x3         x4         x5         x6         x7         x8
1299.813  388.887  283.124  283.244  253.758  861.613  739.151  239.431
```

计算相关系数矩阵，见文本框 6-2。

文本框 6-2

```
round(cov(x),3)
```

	x1	x2	x3	x4	x5	x6	x7	x8
x1	1.000	0.227	0.612	0.749	0.213	0.859	0.787	0.797
x2	0.227	1.000	0.305	0.508	0.646	0.385	0.470	0.568
x3	0.612	0.305	1.000	0.708	0.584	0.742	0.736	0.676
x4	0.749	0.508	0.708	1.000	0.367	0.802	0.857	0.830
x5	0.213	0.646	0.584	0.367	1.000	0.362	0.488	0.443
x6	0.859	0.385	0.742	0.802	0.362	1.000	0.890	0.849
x7	0.787	0.470	0.736	0.857	0.488	0.890	1.000	0.824
x8	0.797	0.568	0.676	0.830	0.443	0.849	0.824	1.000

进行 KMO 检验，见文本框 6-3。

文本框 6-3

```
install.packages("MASS")
library(MASS)
kmo <- function(data){
library(MASS)
  X <- cor(as.matrix(data))
iX <- ginv(X)
```

```
S2 <- diag(diag((iX^-1)))
AIS <- S2 %*% iX %*% S2                        #anti - image covariance matrix
IS <- X + AIS - 2 * S2                         #image covariance matrix
Dai <- sqrt(diag(diag(AIS)))
IR <- ginv(Dai) %*% IS %*% ginv(Dai)          #image correlation matrix
AIR <- ginv(Dai) %*% AIS %*% ginv(Dai)        #anti - image correlation matrix
a <- apply((AIR - diag(diag(AIR)))^2, 2, sum)
AA <- sum(a)
b <- apply((X - diag(nrow(X)))^2, 2, sum)
BB <- sum(b)
MSA <- b/(b + a)                              #indiv. measures of sampling adequacy

AIR <- AIR - diag(nrow(AIR)) + diag(MSA)   #Examine the anti - image of the
#correlation matrix. That is the
#negative of the partial correlations,
#partialling out all other variables.


kmo <- BB/(AA + BB)                          #overall KMO statistic


#Reporting the conclusion
if(kmo > = 0.00 && kmo < 0.50){
   test <-'The KMO test yields a degree of common variance
unacceptable for FA.'
 }else if(kmo > = 0.50 && kmo < 0.60){
   test <-'The KMO test yields a degree of common variance miserable.'
 }else if(kmo > = 0.60 && kmo < 0.70){
   test <-'The KMO test yields a degree of common variance mediocre.'
 }else if(kmo > = 0.70 && kmo < 0.80){
   test <-'The KMO test yields a degree of common variance middling.'
 }else if(kmo > = 0.80 && kmo < 0.90){
   test <-'The KMO test yields a degree of common variance meritorious.'
 }else{
   test <-'The KMO test yields a degree of common variance marvelous.'
 }
```

```
ans <- list(   overall = kmo,
                      report = test,
                      individual = MSA,
                      AIS = AIS,
                      AIR = AIR)
  return(ans)
}      #end of kmo()
kmo (cor (x)) $ overall
```

```
[1] 0.6036195
```

进行 Bartlett's 球形检验，见文本框 6 - 4。

文本框 6 - 4

```
library(psych)
cortest.bartlett(cor(x),nrow(x))
```

```
$ chisq
[1] 233.7415
$ p.value
[1] 2.400363e - 34
$ df
[1] 28
```

由检验结果显示 Sig. < 0.05（即 p 值 < 0.05）时，说明符合标准，数据呈球形分布，各个变量在一定程度上相互独立。

计算特征值、方差贡献率及累计方差贡献率，见文本框 6 - 5。

文本框 6 - 5

```
pca1 <- princomp(x,cor = TRUE)
options(digits = 3)
summary(pca1)#列出特征值开根号结果及方差贡献率及累计方差贡献率
```

Importance of components:

	Comp.1	Comp.2	Comp.3	Comp.4	Comp.5	Comp.6	Comp.7	Comp.8
Standard	2.335	1.103	0.7724	0.5091	0.4209	0.3737	0.3240	0.23552

```
deviation
Proportion
of Variance  0.681  0.152  0.0746  0.0324  0.0221  0.0175  0.0131  0.00693
Cumulative
Proportion   0.681  0.833  0.9079  0.9403  0.9625  0.9799  0.9931  1.00000
```

从输出结果可以看出，主成分的标准差，即相关矩阵的八个特征值的平方根，分别为：

$$\sqrt{\lambda_1} = 2.335，\sqrt{\lambda_2} = 1.103，\sqrt{\lambda_3} = 0.772，\sqrt{\lambda_4} = 0.509，\sqrt{\lambda_5} = 0.421，$$

$$\sqrt{\lambda_6} = 0.374，\sqrt{\lambda_7} = 0.324，\sqrt{\lambda_8} = 0.236$$

确定主成分的个数：按照累计方差贡献率大于 80% 原则，选定了二个主成分，其累计方差贡献率为 83.3%。从特征值大于 1 的原则，也选定二个主成分。从碎石图也可以看出 m 取 2 比较合适，见文本框 6 – 6。

文本框 6 – 6

```
screeplot(pca1,type = "lines")#画碎石图
abline(h = 1)
```

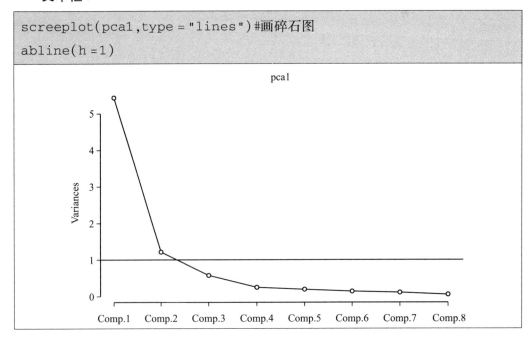

主成分载荷，见文本框 6 – 7。

文本框 6 – 7

```
loadings(pca1)#主成分载荷
```

```
Loadings:
    Comp.1  Comp.2  Comp.3  Comp.4  Comp.5  Comp.6  Comp.7  Comp.8
x1 0.357   0.386           0.512           0.466   0.440   0.189
x2 0.250  -0.608  0.554                   -0.193  0.397   0.230
x3 0.353          -0.642  -0.365  0.374   -0.182  0.238   0.316
x4 0.388   0.100   0.184  -0.643  -0.127  0.459          -0.406
x5 0.247  -0.644  -0.424  0.354   -0.142  0.303  -0.133  -0.300
x6 0.395   0.221           0.208  -0.109  -0.628  0.174  -0.561
x7 0.402                  -0.698  -0.124  -0.299  0.489
x8 0.396           0.247   0.130   0.553          -0.674


                    Comp.1  Comp.2  Comp.3  Comp.4  Comp.5  Comp.6  Comp.7  Comp.8
SS loadings         1.000   1.000   1.000   1.000   1.000   1.000   1.000   1.000
Proportion Var      0.125   0.125   0.125   0.125   0.125   0.125   0.125   0.125
Cumulative Var      0.125   0.250   0.375   0.500   0.625   0.750   0.875   1.000
```

主成分载荷图，见文本框6-8。

文本框6-8

```
biplot(pca1)#画主成分载荷图
```

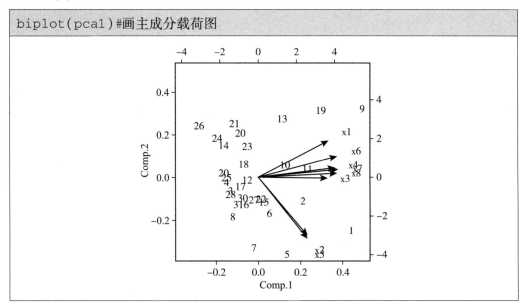

由主成分载荷图可以看出，提取两个主成分，第一主成分PC1在食品消费支出（x1）、居住消费支出（元）（x3）、家庭设备及用品消费支出（元）（x4）、交通和通信消费支出（元）（x6）、文教娱乐服务消费支出（元）（x7）及其他消费支出（元）

（x8）六个变量上的载荷都很大。第二主成分 PC2 在衣着消费支出（元）（x2）、医疗保健消费支出（元）（x5）上的载荷较大。写出主成分：

$$PC1 = 0.357x_1 + 0.25x_2 + 0.353x_3 + 0.388x_4 + 0.247x_5 + 0.395x_6 + 0.402x_7 + 0.396x_8$$

$$PC2 = 0.386x_1 - 0.608x_2 + 0.1x_4 - 0.644x_5 + 0.221x_6$$

计算各主成分得分，见文本框 6 - 9。

文本框 6 - 9

```
y <- pca1$scores[,1:2]
y
       Comp.1    Comp.2
[1,]   5.755    -1.5286
[2,]   2.768    -0.6711
[3,]  -1.673    -0.4143
[4,]  -1.840    -0.1225
[5,]   1.819    -2.2091
[6,]   0.742    -1.0409
.....
```

计算综合得分，见文本框 6 - 10。

文本框 6 - 10

```
scores <- (5.45 * pca1$scores[,1] + 1.22 * pca1$scores[,2])/(5.45 +
1.22)
yy <- cbind(y,scores)
yy
       Comp.1    Comp.2     scores
[1,]   5.755    -1.5286    4.4229
[2,]   2.768    -0.6711    2.1393
[3,]  -1.673    -0.4143   -1.4426
[4,]  -1.840    -0.1225   -1.5260
[5,]   1.819    -2.2091    1.0818
[6,]   0.742    -1.0409    0.4155
       .....
```

最后，根据综合得分进行排序，见文本框 6 – 11。

文本框 6 – 11

```
name <- example8_2[,1]
A <- data.frame(name,yy)
final1 <- A[order( -A$ scores),]
final1
```

name		Comp.1	Comp.2	scores
9	上海市	6.486	1.9842	5.6625
1	北京市	5.755	-1.5286	4.4229
19	广东省	3.884	1.9524	3.5307
11	浙江省	3.034	0.2277	2.5210
2	天津市	2.768	-0.6711	2.1393
13	福建省	1.522	1.7042	1.5556
10	江苏省	1.705	0.3635	1.4593
·····				
14	江西省	-2.081	0.9350	-1.5292
25	云南省	-1.938	-0.0105	-1.5853
29	青海省	-2.066	0.1085	-1.6682
24	贵州省	-2.469	1.1237	-1.8122
26	西藏自治区	-3.648	1.5046	-2.7055

从综合得分排序看，上海市、北京市、广东省、浙江省及天津市这五个省市的城镇居民综合消费水平得分相对较高，城镇居民消费水平位居全国前列；而江西省、云南省、青海省、贵州省和西藏自治区的城镇居民综合消费水平得分较低，其综合消费水平得分位居全国之末。由于上海市、北京市、广东省、浙江省及天津市这五个省市的经济发展水平较高，而江西省、云南省、青海省、贵州省和西藏自治区的经济发展较为落后，可见我国城镇居民消费水平主要由经济发展水平决定的，经济发展水平较高的省份，其城镇居民消费水平也相对较高，经济落后的地区，其城镇居民消费水平也相对较低。

习　题

1. 试述主成分分析的基本思想。

2. 总结主成分分析的分析步骤。

3. 对中国 2012 年农村居民生活费支出进行主成分分析。

4. 对中国 2016 年 31 个省份第三产业发展状况进行综合评价。

5. 对中国 2016 年城市总体污染物排放状况进行主成分分析。

第七章

因 子 分 析

在经济学、人口学、社会学、心理学、教育学等领域中，有许多基本特征，例如，"态度""认识""能力""智力"等，实际上是不可直接观测的量。但是这些基本特征常常对事物的结果起着决定性作用。比如学生通过考试得到英语、高等数学、计算机、统计学、多元统计分析、数理统计学、经济学等课程的成绩。把每门课的成绩看作一个变量，显然这些变量必定受到一些共同因素的影响，比如全面智力，或者细分一点，如逻辑思维能力、形象思维能力和记忆力等，都是影响这些课程成绩的公共因素，即提取出来的因子。每一个因子代表变量间相互依赖的一种作用，抓住主要因子就可以帮助我们对复杂问题进行分析和解释。主成分分析法是从尽可能多地占有原始数据的总变差出发来构造少数变量的线性组合变量——综合变量。本章来讨论另外一种简化数据结构的方法——因子分析，它不同于主成分分析，可以看成是其推广形式。

第一节　因子分析方法概述

一、什么是因子分析

因子分析（factor analysis）就是要利用少数几个潜在变量或公共因子去解释多个显性变量或可观测变量中存在的复杂关系。换句话说，因子分析是把每个原始（可观测）变量分解为两部分因素：一部分是由所有变量共同具有的少数几个公共因子构成的；另一部分是每个原始变量独自具有的因素，即所谓的特殊因素部分或特殊因子部分。正是特殊因子的存在，才使一原始变量有别于其他原始变量。因子分析属于多元统计分析中处理降维的一种统计方法。由此可知，因子分析注重的是因子分析的具体形式，而不考虑各变量的变差贡献大小。1904 年查尔斯·斯皮尔曼（Charles Spearman）发表《对智力测验得分进行统计分析》一文，标志着因子分析方法的产生。因子分析最早用于心理学和教育学方面的研究，目前广泛应用于各领域。

二、因子分析的基本思想

因子分析的思想是通过变量（或样品）的相关系数矩阵（相似系数矩阵）内部结构的研究，找出能控制所有变量（或样品）的少数几个随机变量去描述多个变量（或样品）之间相关（相似）关系。这样因子分析一方面可简化观测系统，简化原始变量结构，再现变量之间的内在联系，达到降维的目的；另一方面可对原始变量进行分类，把相关性较高，即联系比较紧密的变量归为同一类，而不同类的变量之间的相关性较低。

三、因子分析与主成分分析的联系和区别

（一）联系

从二者表达的含义上看，主成分分析法和因子分析法都寻求少数的几个变量（或因子）来综合反映全部变量（或因子）的大部分信息，变量虽然较原始变量少，但所包含的信息量却占原始信息量的 80% 以上，用这些新变量来分析实际问题，其可信程度仍然很高，而且这些新的变量彼此间互不相关，消除了多重共线性。同属降维技术，求解过程相似，特征向量和因子载荷之间具有联系。

（二）区别

1. 原理不同

主成分分析的基本原理是利用降维（线性变换）的思想，在损失很少信息的前提下把多个指标转化为几个不相关的综合指标（主成分），即每个主成分都是原始变量的线性组合，且各个主成分之间互不相关，使得主成分比原始变量具有某些更优越的性能（主成分必须保留原始变量 80% 以上的信息），从而达到简化系统结构、抓住问题实质的目的。主成分分析把现有的变量变成少数几个新的变

量（新的变量几乎带有原来所有变量的信息）来进入后续的分析，主成分还可以用于和回归分析相结合，进行主成分回归分析，甚至可以利用主成分分析挑选变量，选择少数变量再进行进一步的研究。一般情况下主成分用于探索性分析，很少单独使用。[①]

因子分析的基本原理是利用降维的思想，由研究原始变量相关矩阵内部的依赖关系出发，把一些具有错综复杂关系的变量表示成少数的公共因子和仅对某一个变量有作用的特殊因子的线性组合，即从数据中提取对变量起解释作用的少数公共因子（因子分析是主成分的推广，相对于主成分分析，更倾向于描述原始变量之间的相关关系）。因子分析所得到的新变量是对每一个原始变量进行内部剖析，是对原始变量进行分解，分解为公共因子与特殊因子两部分，而不是对原始变量的重新组合。

2. 求解方法不同

求解主成分的方法是从协方差阵出发（协方差阵已知），或从相关矩阵出发（相关矩阵 R 已知），采用的方法只有主成分法（实际研究中，总体协方差阵与相关矩阵是未知的，必须通过样本数据来估计）。注意事项：由协方差阵出发与由相关矩阵出发求解主成分所得结果不一致时，要恰当地选取某一种方法。一般当变量单位相同或者变量在同一数量等级的情况下，可以直接采用协方差阵进行计算；对于度量单位不同的指标或是取值范围彼此差异非常大的指标，应考虑将数据标准化，再由协方差阵，即相关矩阵求主成分。

求解因子载荷的方法包括主成分法、主轴因子法、极大似然法、最小二乘法等。

3. 因子数量与主成分的数量

主成分分析：主成分的数量是一定的，一般有几个变量就有几个主成分（只是主成分所解释的信息量不等），实际应用时会根据碎石图提取前几个主要的主成分。主成分分析重点在于解释各变量的总方差。主成分分析中每个主成分相应系数 U_{ij} 是唯一确定的。

因子分析：因子个数需要分析者指定，指定的因子数量不同，结果也不同。因子分析重点解释各变量之间的协方差。对于因子分析，每个因子的相应系数不是唯一的，即因子载荷阵不唯一，这为因子旋转奠定了基础。可以使用旋转技术，使得因子得到更好的解释，因此在解释潜在因子方面，因子分析更占优势。因子分析不是对原有变量的取舍，而是根据原始变量的信息进行重新组合，找出影响变量的共同因子，化简数据。

① 王保进：《多变量分析——统计软件与数据分析》，北京大学出版社 2007 年版。

第二节　因子分析的数学模型

一、因子模型（正交因子模型）

（一）总体因子模型[①]

$$\begin{cases} X_1 = a_{11}F_1 + a_{12}F_2 + \cdots + a_{1m}F_m + \varepsilon_1 \\ X_2 = a_{21}F_1 + a_{22}F_2 + \cdots + a_{2m}F_m + \varepsilon_2 \\ \vdots \\ X_p = a_{p1}F_1 + a_{p2}F_2 + \cdots + a_{pm}F_m + \varepsilon_p \end{cases}$$

用矩阵表示：

$$\begin{pmatrix} X_1 \\ X_2 \\ \vdots \\ X_p \end{pmatrix} = \begin{pmatrix} a_{11} & a_{12} & \cdots & a_{1m} \\ a_{21} & a_{22} & \cdots & a_{2m} \\ \cdots & \cdots & \ddots & \cdots \\ a_{p1} & a_{p2} & \cdots & a_{pm} \end{pmatrix} \begin{pmatrix} F_1 \\ F_2 \\ \vdots \\ F_m \end{pmatrix} + \begin{pmatrix} \varepsilon_1 \\ \varepsilon_2 \\ \vdots \\ \varepsilon_p \end{pmatrix}$$

简记为：

$$X_{p \times 1} = A_{p \times m} F_{m \times 1} + \varepsilon_{p \times 1} \ \text{或} \ X_i = \sum_{j=1}^{m} A_{ij} F_j + \varepsilon_i \ (i = 1, 2, \cdots, p)$$

满足条件：

（1）$m \leqslant p$；

（2）$EX = 0$；

（3）$EF = 0$，$D(F) = I_m$，即 F_1，F_2，$\cdots$，F_m 不相关且方差均为 1；

（4）$E\varepsilon = 0$，$D(\varepsilon) = \mathrm{diag}(\sigma_1^2, \sigma_2^2, \cdots, \sigma_p^2)$，即 ε_1，ε_2，$\cdots$，ε_p 不相关且方差不同；

（5）$\mathrm{Cov}(F, \varepsilon) = 0$，即 F 与 ε 不相关。

模型将原始变量表为 m 个公共因子的线性组合，即将原始变量置于 m 个公共因子张成的空间下进行研究，因子分析的实质是将具有错综复杂关系的变量综合为数量较少的几个因子，以再现原始变量与因子之间的相互关系；$F = (F_1, F_2, \cdots, F_m)'$ 称

[①] R 型因子分析和 Q 型因子的计算过程完全相同，只不过出发点不同：R 型是从相关系数矩阵出发；Q 型是从相似系数矩阵出发。

为 X 的公共因子（综合变量），是不可观测的向量，可以理解为在高维空间中互相垂直的 m 个坐标轴；a_{ij} 为因子载荷，是第 i 个变量在第 j 个公共因子上的负荷。如果把 X_i 看成 m 维空间中的一个向量，则 a_{ij} 表示 X_i 在坐标轴 F_j 上的投影。矩阵 A 被称为因子载荷矩阵；ε 为 X 的特殊因子，理论上要求 ε 的协方差矩阵为对角阵；F_1，F_2，$\cdots$，F_m 不相关，若相关，模型称为斜交因子模型。

（二）样本因子模型

标准化后的数据为 X^*，则由总体因子模型可得样本因子模型
$X^* = f'A' + E$，其中 A 为因子载荷矩阵，含义同前；

$$E = (e_1 \quad e_2 \quad \cdots \quad e_p) = \begin{pmatrix} e_{11} & e_{12} & \cdots & e_{1p} \\ e_{21} & e_{22} & \cdots & e_{2p} \\ \cdots & \cdots & \ddots & \cdots \\ e_{n1} & e_{n2} & \cdots & e_{np} \end{pmatrix}，\text{特殊因子矩阵；}$$

$$f' = (f_1，f_2，\cdots，f_m) = \begin{pmatrix} f_{11} & f_{12} & \cdots & f_{1m} \\ f_{21} & f_{22} & \cdots & f_{2m} \\ \cdots & \cdots & \ddots & \cdots \\ f_{n1} & f_{n2} & \cdots & f_{nm} \end{pmatrix}，\text{公共因子矩阵；}$$

样本因子模型的性质可由总体因子模型得出[1]：
$$\begin{cases} \mathbf{1}'X_j^* = 0 \quad j = 1，2，\cdots，p \\ \mathbf{1}'f' = 0 \quad \frac{1}{n}ff' = I_m \\ \mathbf{1}'E = 0 \quad \frac{1}{n}E'E = \text{diag}(\varphi_1，\varphi_2，\cdots，\varphi_p) \\ FE = 0_{m \times p} \end{cases}$$

二、因子载荷的统计意义及性质

1. 因子载荷矩阵的统计意义
已知模型：$X_i = a_{i1}F_1 + a_{i2}F_2 + \cdots + a_{im}F_m + \varepsilon_i$[2]，两端右乘 F_j 并取数学期望得：
$$E(X_iF_j) = a_{i1}E(F_1F_j) + a_{i2}E(F_2F_j) + \cdots + a_{im}E(F_mF_j) + E(\varepsilon_iF_j)$$
由于在标准化条件下，有：

---

① 这里 $\mathbf{1}' = (1，1，\cdots，1)_{1 \times n}$。
② 这里 X_i 已经标准化。

$$EF = 0, \quad E\varepsilon = 0, \quad Var(\varepsilon_i) = 1, \quad EX_i = 0, \quad Var(X_i) = 1。$$

因此 $E(X_i F_j) = r_{X_i F_j}$，$E(F_i F_j) = r_{F_i F_j}$，$E(\varepsilon_i F_j) = r_{\varepsilon_i F_j}$

所以上式可以写成：

$$r_{X_i F_j} = a_{i1} r_{F_1 F_j} + a_{i2} r_{F_2 F_j} + \cdots + a_{ij} r_{F_j F_j} + \cdots + a_{im} r_{F_m F_j} + r_{\varepsilon_i F_j} = a_{ij}①$$

故因子载荷的统计意义就是第 i 个变量与第 j 个公共因子的相关系数，即表示 X_i 依赖于 F_j 的分量（比重），将它称作载荷，即表示第 i 个变量在第 j 个公共因子上的负荷，它反映了第 i 个变量在第 j 个公共因子上的相对重要性。

2. 变量共同度与剩余方差

因子载荷矩阵 A 中，各行元素的平方和

$$\begin{cases} h_1^2 = a_{11}^2 + a_{12}^2 + \cdots + a_{1m}^2 \\ h_2^2 = a_{21}^2 + a_{22}^2 + \cdots + a_{2m}^2 \\ \vdots \\ h_p^2 = a_{p1}^2 + a_{p2}^2 + \cdots + a_{pm}^2 \end{cases}$$

或

$$h_i^2 = \sum_{j=1}^m a_{ij}^2 \quad i = 1, 2, \cdots, p$$

称为 X_1，X_2，$\cdots$，X_p 的共同度。为说明其统计意义，现在考查 $X_i = a_{i1} F_1 + a_{i2} F_2 + \cdots + a_{im} F_m + \varepsilon_i$ 的方差。

$$\begin{aligned} Var(X_i) &= a_{i1}^2 Var(F_1) + a_{i2}^2 Var(F_2) + \cdots + a_{im}^2 Var(F_m) + Var(\varepsilon_i) \\ &= a_{i1}^2 + a_{i2}^2 + \cdots + a_{im}^2 + \sigma_{\varepsilon_i}^2 = h_i^2 + \sigma_{\varepsilon_i}^2 \end{aligned}$$

由于 X_i 已经标准化，所以有 $1 = h_i^2 + \sigma_{\varepsilon_i}^2$ 即：变量方差 = 公共因子方差 + 特殊因子方差。

这说明 X_i 的方差由两部分组成：第一部分为共同度 h_i^2，它刻画全部公共因子对变量 X_i 的总方差所作的贡献；第二部分 $\sigma_{\varepsilon_i}^2$ 是特定变量所产生的方差，称为特殊因子方差，仅与变量 X_i 本身的变化有关，它是使 X_i 的方差为 1 的补充值。易见 h_i^2 越接近于 1，因子分析越有效。

3. 公共因子 F_j 的方差贡献及其统计意义

因子载荷矩阵 A 中，各列元素的平方和

$$\begin{cases} g_1^2 = a_{11}^2 + a_{21}^2 + \cdots + a_{p1}^2 \\ g_2^2 = a_{12}^2 + a_{22}^2 + \cdots + a_{p2}^2 \\ \vdots \\ g_m^2 = a_{1m}^2 + a_{2m}^2 + \cdots + a_{pm}^2 \end{cases}$$

---

① 各因子互不相关，相关系数为 0。

或

$$g_j^2 = \sum_{i=1}^{p} a_{ij}^2 \quad j = 1, 2, \cdots, m$$

称为公共因子 F_j 的方差贡献，它是第 j 个公共因子 F_j 对所有原始变量 X_i 的方差贡献总和。

当公共因子 F_j 的方差贡献与 p 个变量的总方差进行比较时，称 $\dfrac{g_j^2}{p} = \dfrac{1}{p}\sum_{i=1}^{p} a_{ij}^2$，$j = 1, 2, \cdots, m$ 为第 j 个公共因子 F_j 的方差贡献率。方差贡献率是衡量公共因子相对重要程度的一个指标。方差贡献率越大，该公共因子就相对越重要。

4. 正交因子载荷不具有唯一性

因为 $X^* = F'A' + E$，所以相关系数矩阵为[①]：

$$R = \frac{1}{n}(X^*)'(X^*) = \frac{1}{n}(F'A' + E)'(F'A' + E) = \frac{1}{n}(AF + E')(F'A' + E)$$

$$= \frac{1}{n}AFF'A' + \frac{1}{n}E'E = A\left(\frac{1}{n}FF'\right)A' + \frac{1}{n}E'E$$

$$= AA' + \varphi [②]$$

说明相关系数矩阵可以分解为两部分，但这种分解并不唯一。

设 U 为一正交矩阵，

$$X^* = (AF)' + E = (AUU'F)' + E = (A^*F^*)' + E = F^{*'}A^{*'} + E$$

这里，令 $A^* = AU$，$F^* = U'R$，相当于作一正交变换或正交旋转。前面已经讨论 F^* 满足因子分析的要求，所以，有 $R = AA' + \varphi = A^*(A^*)' + \varphi$。

注：①若不考虑正交旋转时，因子载荷矩阵是唯一的；②即使在正交旋转情况下，共同度保持不变；③变量 X_k^* 与 X_l^* 的相关系数（或协方差）为因子载荷矩阵中第 k 行与第 l 行对应元素乘积之和，即：

$$r(X_k^*, X_l^*) = a_{k1}a_{l1} + a_{k2}a_{l2} + \cdots + a_{km}a_{lm} = \sum_{i=1}^{m} a_{ki}a_{li} \circ$$

第三节　因子分析的步骤

一、数据标准化

将原始数据标准化，以消除变量间在数量级和量纲上的不同。设有 n 个样品，p

---

① 这时，协方差阵与相关系数阵等价。

② 其中，$\varphi = \mathrm{diag}(\sigma_{\varepsilon_1}^2, \cdots, \sigma_{\varepsilon_p}^2)$。

个指标，将原始数据标准化，得标准化数据矩阵：

$$X = \begin{pmatrix} x_{11} & x_{12} & \cdots & x_{1p} \\ x_{21} & x_{22} & \cdots & x_{2p} \\ \vdots & \vdots & \ddots & \vdots \\ x_{n1} & x_{n2} & \cdots & x_{np} \end{pmatrix}$$

二、计算相关矩阵

计算 X 的协方差矩阵，即相关系数矩阵：$R = (r_{ij})_{p \times p}$。

三、确定因子数目

和主成分分析类似，可以选择碎石法、平均截点法和特征值大于 1 的方法。当不统一时，高估因子数通常比低估因子数的结果好。也可以根据 Kaiser – Harris 准则的特征值数大于 0 来选择因子数目。

四、提取公因子

与主成分不同，提取公共因子的方法很多，包括最大似然法（ml）、主轴迭代法（pa）、加权最小二乘法（wls）、广义加权最小二乘法（gls）和最小残差法（minres）。常用的是最大似然法，因为它有良好的统计性质。不过有时候最大似然法会不收敛，此时使用主轴迭代法效果会更好。

五、因子旋转，确定因子载荷

建立因子分析的目的不仅是找出主因子，更重要的是知道每个主因子的意义，以便对实际问题进行分析。如果求出主因子后，各个主因子的典型代表变量不是很突出，还需要对因子进行旋转，通过适当的旋转得到比较满意的主因子。因子旋转的方法有很多，正交旋转（orthogonal rotation）和斜交旋转（oblique rotation）是因子旋转的两类方法。最常用的方法是最大方差正交旋转（varimax）法。进行因子旋转，就是要使因子载荷矩阵中因子载荷的绝对值向 0 和 1 两个方向分化，使大的载荷更大，小的载荷更小。因子旋转过程中，如果因子对应轴相互正交，则称为正交旋转；如果因子对应轴相互间不是正交的，则称为斜交。常用的斜交旋转方法有 promax 等。

六、命名公因子，并计算因子得分

对公共因子的命名，通常只能结合被研究事物的具体指标及其载荷系数的大小作出，归纳起来主要有以下几种解释思路或方法。

第一，从载荷数值的大小入手进行分析与概括。因子载荷 a_{ij} 的统计意义就是第 i 个变量与第 j 个公共因子的相关系数，即表示 X_i 依赖于 F_j 的分量（比重），它反映了第 i 个变量在第 j 个公共因子上的相对重要性。载荷系数 a_{ij} 越大，说明公共因子 F_j 主要代表了该变量 x_i 的信息；反之，若载荷系数 a_{ij} 越接近于 0，则表明该公共因子几乎没有该变量什么信息。

第二，从载荷的各个分量 a_{ij} 数值的符号入手进行分析与概括。载荷 a_{ij} 的符号表明了变量 x_i 与 F_j 之间的作用关系，一般地，正号表示变量与公因子的作用同方向；而负号则表示变量与公因子的作用是逆向变动关系。

第三，如果载荷分组较有规则，则从载荷各分量 a_{ij} 数值作出组内、组间对比分析。

第四，如果载荷系数都大致相同，则要考虑是否存在一个一般性的影响因素。

因子分析模型建立后，可以应用因子分析模型去评价每个样本在整个模型中的地位，进行综合评价。利用因子得分对样品进行分类或对原始数据进行更深入的研究。估计因子得分的方法较多，常用的有回归（regression）估计法和 Bartlett 估计法。

1. 回归估计法

设因子对 p 个变量的回归模型为：

$$F_j = b_{j0} + b_{j1}x_1 + b_{j2}x_2 + \cdots + b_{jp}x_p \quad j = 1, 2, \cdots, m$$

因为变量和因子均已标准化，所以 $b_{j0} = 0$，上式可写成矩阵形式 $F = Xb$，根据最小二乘估计，有 $b = (X'X)^{-1}X'F$，又由于因子载荷矩阵 $A = XF'$，于是：

$$F = Xb = X(X'X)^{-1}A' = XR^{-1}A'$$

这里 R 为相关阵，且 $R = X'X$。

2. Bartlett 估计法

Bartlett 估计因子得分可由最小二乘法或极大似然法导出，下面给出最小二乘法求解 Bartlett 因子得分。

在因子分析模型 $X = AF + \varepsilon$ 中，若将载荷矩阵 A 看作自变量的数据矩阵，将 X 看作因变量的数据向量，将 F 看作未知的回归系数，将 ε 看作随机误差，那么因子分析模型就是一个回归模型。由于 ε 的方差各不相同，需将异方差的 ε 化为同方差，将上述模型进行变换：

$$\Omega^{-1/2}X = \Omega^{-1/2}AF + \Omega^{-1/2}\varepsilon$$

变成同方差回归模型，这里 $\Omega = \text{diag}(\sigma_1^2, \sigma_2^2, \cdots, \sigma_p^2)$，利用最小二乘法，可求

得因子得分的估计值：

$$F = [(\Omega^{-1/2}A)'\Omega^{-1/2}A]^{-1}(\Omega^{-1/2}A)'\Omega^{-1/2}X = (A'\Omega^{-1}A)^{-1}A'\Omega^{-1}X$$

R 中函数 fa( ) 使用的是回归方法得到因子得分。

七、计算综合得分并进行排序

以各因子的方差贡献率为权重，将其线性组合得到综合评价得分：

$$F = \frac{\lambda_1 F_1 + \lambda_2 F_2 + \cdots + \lambda_m F_m}{\lambda_1 + \lambda_2 + \cdots + \lambda_m}$$

利用综合得分可以得到得分名次，并对分析结果进行统计意义和实际意义的解释。

【例 7 - 1】（续［例 6 - 2］）应用因子分析法对 31 个省份城镇居民消费支出状况进行综合评价。

解：

（1）数据标准化，见文本框 7 - 1。

文本框 7 - 1

```
example7_1 <- read.csv("C:/text/ch7/example6_2.csv")
options(digits = 2)
x <- round(scale(example7_1[ -1]),3)
x
```

	x1	x2	x3	x4	x5	x6	x7	x8
[1,]	1.310	2.201	1.977	2.006	2.403	1.766	2.516	2.187
[2,]	1.162	0.253	1.565	0.384	2.001	0.955	0.565	1.125
[3,]	-1.248	-0.619	0.322	-0.587	-0.005	-0.623	-0.856	-0.860
[4,]	-1.521	-0.651	0.098	-0.741	-0.562	-0.682	-0.447	-0.668
	.....							
[28,]	-0.947	-0.389	-0.436	-0.739	0.004	-0.795	-0.606	-0.634
[29,]	-0.897	-0.696	-0.632	-0.419	-0.562	-0.825	-1.000	-0.723
[30,]	-0.819	0.239	-0.769	-0.400	0.057	-0.174	-0.434	-0.083
[31,]	-0.457	0.638	-0.864	-0.325	-0.083	-0.696	-0.752	-0.394

```
attr(,"scaled:center")
```

x1	x2	x3	x4	x5	x6	x7	x8
5833	1783	1411	1042	1049	2260	1836	631

```
attr(,"scaled:scale")
```

x1	x2	x3	x4	x5	x6	x7	x8
1300	389	283	283	254	862	739	239

（2）计算相关系数矩阵，见文本框7－2。

文本框7－2

```
R <- cov(x)
R
```

	x1	x2	x3	x4	x5	x6	x7	x8
x1	1.00	0.23	0.61	0.75	0.21	0.86	0.79	0.80
x2	0.23	1.00	0.31	0.51	0.65	0.39	0.47	0.57
x3	0.61	0.31	1.00	0.71	0.58	0.74	0.74	0.68
x4	0.75	0.51	0.71	1.00	0.37	0.80	0.86	0.83
x5	0.21	0.65	0.58	0.37	1.00	0.36	0.49	0.44
x6	0.86	0.39	0.74	0.80	0.36	1.00	0.89	0.85
x7	0.79	0.47	0.74	0.86	0.49	0.89	1.00	0.82
x8	0.80	0.57	0.68	0.83	0.44	0.85	0.82	1.00

（3）确定因子数目，见文本框7－3。

文本框7－3

```
library(psych)
fa.parallel(R,n.obs =31,fa = "both",n.iter =100)#fa = "both",因子
图形将同时展示主成分和公共因子分析的结果
abline(h =0)
```

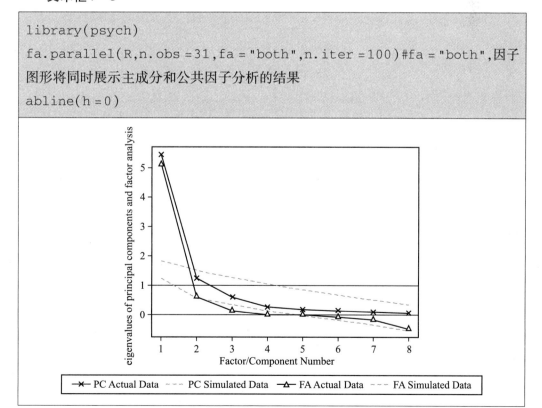

如果使用 PCA 方法，可能会选择一个成分（碎石检验和平性分析），或者选择两个成分（特征值大于 1）。当不统一时，高估因子数通常比低估因子数的结果好。观察因子分析的结果，需提取两个因子。碎石检验的前两个特征值（三角形）都在拐角处之上，并且大于 100 次模拟数据矩阵的特征值均值。对于探索性因子分析，Kaiser – Harris 准则的特征值数大于 0 而不是 1，图形中该准则也建议选择两个因子。

（4）提取公共因子：提取公因子的方法很多，如主轴迭代法（pa）、主成分法及极大似然法（ml）等。

使用主轴迭代法（fm = "pa"）提取未旋转的因子，见文本框 7 – 4。

文本框 7 – 4

```
fa <- fa( R,nfactors = 2,rotate = "none",fm = "pa")#未旋转的主轴迭代因子法
fa
```

Factor Analysis using method = pa

Call:fa(r = R,nfactors = 2,rotate = "none",fm = "pa")

Standardized loadings(pattern matrix)based upon correlation matrix

	PA1	PA2	h2	u2	com
x1	0.83	−0.39	0.84	0.163	1.4
x2	0.55	0.53	0.58	0.424	2.0
x3	0.78	0.05	0.61	0.390	1.0
x4	0.89	−0.08	0.79	0.206	1.0
x5	0.55	0.65	0.73	0.267	1.9
x6	0.93	−0.23	0.91	0.091	1.1
x7	0.94	−0.06	0.88	0.121	1.0
x8	0.91	−0.03	0.84	0.164	1.0

	PA1	PA2
SS loadings	5.25	0.92
Proportion Var	0.66	0.12
Cumulative Var	0.66	0.77
Proportion Explained	0.85	0.15
Cumulative Proportion	0.85	1.00

使用主成分法提取未旋转的因子，见文本框 7 – 5。

文本框 7 - 5

```
fap <- principal(R,nfactors =2,rotate = "none")#未旋转的主成分法
fap
```

```
Principal Components Analysis
Call:principal(r = R,nfactors =2,rotate = "none")
Standardized loadings(pattern matrix)based upon correlation ma-
trix
      PC1    PC2     h2     u2      com
x1   0.83  -0.43   0.87   0.126   1.5
x2   0.58   0.67   0.79   0.210   2.0
x3   0.82   0.01   0.68   0.321   1.0
x4   0.90  -0.11   0.83   0.169   1.0
x5   0.58   0.71   0.84   0.163   1.9
x6   0.92  -0.24   0.91   0.089   1.1
x7   0.94  -0.09   0.89   0.111   1.0
x8   0.92  -0.05   0.86   0.143   1.0


                         PC1    PC2
SS loadings              5.45   1.22
Proportion Var           0.68   0.15
Cumulative Var           0.68   0.83
Proportion Explained     0.82   0.18
Cumulative Proportion    0.82   1.00
Mean item complexity =   1.3
Test of the hypothesis that 2 components are sufficient.
The root mean square of the residuals(RMSR)is   0.06
Fit based upon off diagonal values =0.99
```

使用极大似然法提取未旋转的因子，见文本框 7 - 6。

文本框 7 - 6

```
faf <- factanal(x,factors =2,rotation = "none")#未旋转的极大似然法
faf
```

```
Call:
factanal(x = x, factors = 2, rotation = "none")
Uniquenesses:
    x1      x2      x3      x4      x5      x6      x7      x8
 0.200   0.542   0.328   0.220   0.005   0.094   0.117   0.185


Loadings:
    Factor1   Factor2
x1  0.852     0.271
x2  0.154     0.659
x3  0.534     0.622
x4  0.776     0.422
x5            0.995
x6  0.854     0.421
x7  0.768     0.542
x8  0.755     0.495


                  Factor1  Factor2
SS loadings         3.53     2.78
Proportion Var      0.44     0.35
Cumulative Var      0.44     0.79
Test of the hypothesis that 2 factors are sufficient.
The chi square statistic is 26 on 13 degrees of freedom.
The p - value is 0.018
```

（5）因子旋转，确定因子载荷：以主轴迭代法提取公因子为例，其他方法提取的公因子类似。

使用正交旋转进行因子提取，结果显示因子更容易解释了。第一个因子 PA1 在食品消费支出（元）（x1）、居住消费支出（元）（x3）、家庭设备及用品消费支出（元）（x4）、交通和通信消费支出（元）（x6）、文教娱乐服务消费支出（元）（x7）及其他消费支出（元）（x8）六个变量上的载荷都很大，可视为反映城镇居民基本生存消费支出的综合指标。第二个因子 PA2 在衣着消费支出（元）（x2）、医疗保健消费支出（元）（x5）上的载荷较大，可以看成是反映城镇居民消费质量的综合指标，见文本框 7-7。

文本框 7 -7

```
fa.varimax <- fa(R,nfactors =2,rotate = "varimax",fm = "pa")#正交
旋转提取因子
fa.varimax
```

```
Factor Analysis using method =   pa
Call:fa(r = R,nfactors =2,rotate = "varimax",fm = "pa")
Standardized loadings(pattern matrix)based upon correlation matrix
      PA1    PA2    h2     u2     com
x1  0.91   0.04   0.84   0.163   1.0
x2  0.24   0.72   0.58   0.424   1.2
x3  0.67   0.41   0.61   0.390   1.7
x4  0.82   0.35   0.79   0.206   1.3
x5  0.18   0.84   0.73   0.267   1.1
x6  0.92   0.23   0.91   0.091   1.1
x7  0.85   0.39   0.88   0.121   1.4
x8  0.82   0.41   0.84   0.164   1.5


                         PA1    PA2
SS loadings              4.29   1.88
Proportion Var           0.54   0.23
Cumulative Var           0.54   0.77
Proportion Explained     0.70   0.30
Cumulative Proportion    0.70   1.00
```

注：使用正交旋转将人为地强制两个因子不相关。如果想允许两个因子相关，可以使用斜交转轴法，如 promax。

绘制正交旋转因子分析结果的图形，见文本框 7 -8。

文本框 7 -8

```
factor.plot ( fa.varimax, labels = rownames ( fa.varimax $ load-
ings))
```

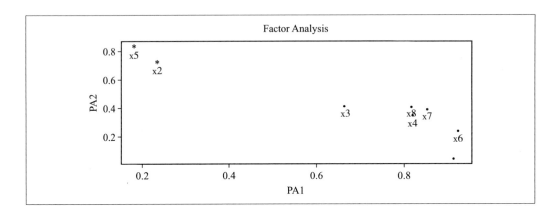

绘制因子分析载荷结构图,见文本框 7 - 9。

文本框 7 - 9

```
fa.diagram(fa.varimax,simple = TRUE)
```

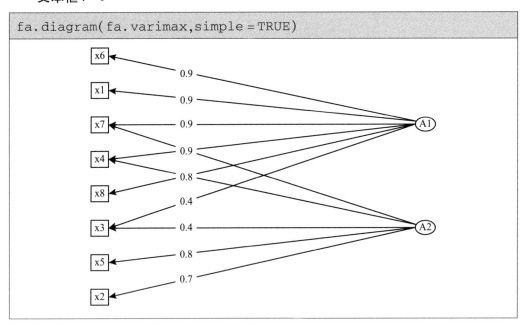

注:若使"simple = TRUE",那么将显示每个因子下最大的载荷,以及因子间的相关系数。

可以通过标准化的回归权重得到得分系数,见文本框 7 - 10。

文本框 7 - 10

```
fa.varimax$weights
```

	PA1	PA2
x1	0.29	-0.43
x2	-0.12	0.16

x3	-0.01	-0.06
x4	0.18	0.13
x5	-0.13	0.66
x6	0.43	-0.12
x7	0.14	0.11
x8	0.09	0.29

（6）计算因子得分。

在函数 fa( ) 中添加（"score = TRUE"）选项可以获得因子得分，见文本框 7 –11。

文本框 7 –11

```
fa1 <- fa(x,nfactors =2,rotate = "varimax",scores =TRUE,fm = "pa")
fa1$ scores
```

	PA1	PA2
[1,]	1.4609	2.271
[2,]	0.6956	1.116
[3,]	-0.8604	0.052
[4,]	-0.8391	-0.105
	.....	
[27,]	-0.3779	0.586
[28,]	-0.8395	0.107
[29,]	-0.7356	-0.353
[30,]	-0.4779	0.364
[31,]	-0.6878	0.133

　　从城镇居民基本生存消费支出的综合指标和消费质量的综合指标两个因子来看：在基本消费支出方面，因子得分最高的是上海市、北京市、广东省、浙江省，且上海市和广东省明显要高于其他省份；在消费质量支出方面，因子得分最高的是北京市、内蒙古自治区、吉林省、天津市、辽宁省，这里也有所区别，内蒙古自治区、吉林省、辽宁省受气候的影响，衣着支出较多，北京市、天津市的经济较发达，比较注重着装，医疗保健方面的支出也比较高，见文本框 7 –12。

文本框 7 – 12

```
plot(fa1$scores[,1],fa1$scores[,2])
text(fa1$scores[,1],fa1$scores[,2],label = example7_1[,1])
```

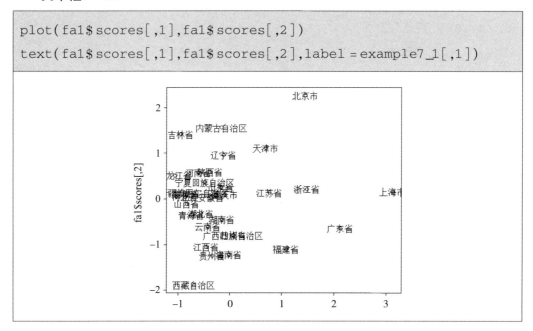

(7) 计算综合得分并进行排序，见文本框 7 – 13。

文本框 7 –13

```
f <- round(fa1$scores[1:31,1]*0.6 + fa1$scores[1:31,2]*0.4,3)
yy <- cbind(fa1$scores,f);name <- example7_1[,1];fscore <- da-
ta.frame(name,yy)
final <- fscore[order( -f),];
final
```

	name	PA1	PA2	f
9	上海市	3.1251	0.155	2.220
1	北京市	1.4609	2.271	1.708
19	广东省	2.1225	-0.643	1.280
11	浙江省	1.4923	0.218	1.104
2	天津市	0.6956	1.116	0.824
10	江苏省	0.7696	0.139	0.578
.....				
24	贵州省	-0.3375	-1.239	-0.612
4	山西省	-0.8391	-0.105	-0.615

29	青海省	−0.7356	−0.353	−0.619
14	江西省	−0.4490	−1.053	−0.633
26	西藏自治区	−0.6850	−1.887	−1.051

从综合得分来看，得分最高的是上海市、北京市、广东省、浙江省、天津市这5个省份，贵州省、山西省、青海省、江西省、西藏自治区位于全国之末。由此看来，我国各地区城镇居民的消费水平与当地的经济发展水平密切相关。经济发展水平较高的省份，其城镇居民消费水平相对较高，经济发展落后的地区，其城镇居民消费水平也相对较低。

习　题

1. 什么是因子分析？因子分析的基本思想是什么？
2. 因子分析为什么要做因子旋转？
3. 总结因子分析的基本步骤。
4. 对中国2012年农村居民生活费支出进行因子分析。
5. 利用因子分析对中国2016年31个省份第三产业发展状况进行综合评价。
6. 对中国2016年城市总体污染物排放状况进行因子分析。

第八章

聚 类 分 析

在实际应用中经常需要将数据分成几个有意义的群组，以便发现规律做进一步的分析。一般来说，所研究的样品或变量之间存在着程度不同的相似性，聚类分析就是依据一些能够度量样品或变量之间相似程度的统计量，将数据文件中的样品或变量加以归类，也就是把没有分类的个体按相似程度归于一类。聚类分析也可以作数据简化，将数据文件分成几个反映主要类别特征的小类别，只损失小部分信息便可简明扼要地得出研究结论。

第一节　聚类分析方法概述

一、聚类分析的目的

聚类分析是辨别事物在某些特性上的相似处或相异处，按照这些特性将数据划分成几个互相没有交集的类别，使得同类别内差异最小，具有高度的同构性（homogeneity），不同类别间差异最大，具有高度的异质性（heterogeneity）。

聚类分析有不同的分类：按聚类变量可分为样品聚类（case cluster analysis，又称 Q 聚类）、指标聚类（variable cluster analysis，又称 R 聚类）；按聚类方法可分为系统聚类（joining cluster procedures）、动态聚类（iterative partitioning procedures）。

二、相似性测度

聚类分析是依据一些能够度量样品或变量之间相似程度的统计量，将数据文件中的样品或变量加以归类，在相似性度量的选择上，不同类型的变量，相似性的测度也不尽相同，其主要分为以下两类：距离测度和关联测度。[①]

（一）定量变量的相似性测度

对样品进行聚类时，相似性一般用距离来衡量，常用的距离有以下几种定义方法：

（1）绝对值距离（city-block distance or Manhattan distance）：

$$\text{distance}(x, y) = \sum_{k=1}^{m} |x_k - y_k|$$

（2）欧氏距离（euclidean distance）：

$$\text{distance}(x, y) = \sqrt{\sum_{k=1}^{m} (x_k - y_k)^2}$$

（3）方欧氏距离（squared euclidean distances）：

$$\text{distance}(x, y) = \sum_{k=1}^{m} (x_k - y_k)^2$$

（4）切比雪夫距离（Chebychev distance）：

$$\text{distance}(x, y) = \max_{1 \leq k \leq m} |x_k - y_k|$$

（5）明考斯基效力距离（power distance）：

$$\text{distance}(x, y) = \sqrt[q]{\sum_{k=1}^{m} |x_k - y_k|^q}$$

对指标聚类时，相似性通常根据相关系数或某种关联来度量。

（1）夹角余弦（cosine）：

$$\cos\theta = \frac{\sum_{k=1}^{m} x_k y_k}{\sqrt{\sum_{k=1}^{m} x_k^2} \sqrt{\sum_{k=1}^{m} y_k^2}}$$

（2）皮尔逊相关系数（Pearson correlation）：

$$r_{xy} = \frac{\sum_{k=1}^{m} (x_k - \bar{x})(y_k - \bar{y})}{\sqrt{\sum_{k=1}^{m} (x_k - \bar{x})^2} \sqrt{\sum_{k=1}^{m} (y_k - \bar{y})^2}}$$

（二）定性变量的相似性测度

当聚类变量为定性变量时，测度相似性的方法是关联测度。

---

① 薛薇：《统计分析与 SPSS 的应用》，中国人民大学出版社 2008 年版。

（1）卡方值测距（Chi-square measure）：

$$distance(x, y) = \sqrt{\frac{\sum\limits_{k=1}^{m}(x_k - E(x_k))^2}{E(x_k)} + \frac{\sum\limits_{k=1}^{m}(y_k - E(y_k))^2}{E(y_k)}}$$

以卡方检验两集合出现的频次是否相等。其中 $E(x_k)$ 是 $E(y_k)$ 代表观测值 x 与 y 在第 i 个变量上的期望值。

（2）Phi 平方值测距（Phi-square measure）：

$$distance(x, y) = \sqrt{\frac{\left[\dfrac{\sum\limits_{k=1}^{m}(x_k - E(x_k))^2}{E(x_k)} + \dfrac{\sum\limits_{k=1}^{m}(y_k - E(y_k))^2}{E(y_k)}\right]}{N}}$$

这个统计量等于频次平方根正态化后的卡方统计量。

（3）二进制数据的不匹配系数（percent disagreement）：

设均是取值为 0，1 的变量，两变量间的列联表如表 8-1 所示：

表 8-1 列联表

y \ x	0	1	求和
0	a	b	a + b
1	c	d	c + d
求和	a + c	b + d	a + b + c + d

$$\text{不匹配系数 } r = \frac{b + c}{a + b + c + d}$$

（三）数据标准化问题

前面介绍的大部分度量方法受数据测度单位的影响，数量级较大的数据通常变异性也较大相当于对这个变量赋予了较大的权重，从而导致聚类结果产生很大的偏差，掩盖了数量级较小的数据的影响。一般为了克服度量单位的影响，在计算相似度之前，要对变量进行标准化处理，即将原始变量转化成均值为 0，方差为 1 的标准化变量。

三、聚类分析的步骤

聚类分析通常包括以下四个步骤：

（一）数据预处理，选择聚类变量

聚类分析中变量的选取非常重要。所选择的聚类变量之间不应该有高度相关，而是应该彼此独立的。要对变量进行标准化处理，选择聚类变量并不是多多益善，而是选择和聚类对象有密切相关的合适变量。

（二）计算相似性

相似性反映了研究对象之间的密切程度，距离越近或关联系数越高代表二者之间关系越密切；反之，则越不相似。越相似的研究对象将会被分在同一组。

（三）进行聚类

聚类变量选定且计算出研究对象的相似性之后，选定聚类方法和合适的分类数后，对研究对象分类。

（1）绘制聚类图。

（2）画分类框。

（3）确定分类结果。

（四）聚类结果的解释

聚类方案确定后，解释并命名这个类。一个类中的观测值有何相似之处？不同类之间的观测值有何不同？通常通过获得类中每个变量的汇总统计来完成。

第二节 系统聚类法

系统聚类法又称谱系聚类法，是目前应用较为广泛的一种聚类方法。

一、系统聚类的基本思想

系统聚类法有两种：聚集法（agglomerative method）和分解法（divisive method）。聚集法就是首先将每个个体各自看成一类，将最相似的两类合并，重新计算类间距离，再将最相似的两类合并，每步减少一类，直至所有个体聚为一类为止。分解法正相反，它首先将所有个体看成一类，将最不相似的个体分成两类，每步增加一类，直至所有个体各自成为一类为止。

二、类间距离的定义

在系统聚类法的合并过程中要涉及两个类之间的距离（或相似系数）问题。类与类之间的距离有许多定义方式，不同的定义方式就产生了不同的系统聚类法。我们首先引进六种类与类之间的距离。

我们先就样品聚类的情形予以讨论，并为简单起见，以 i，j 分别表示样品 x_i，x_j，以 d_{ij} 简记样品 i 与 j 之间的距离 $d(x_i, x_j)$，用 G_p 和 G_q 表示两个类，它们所包含的样品个数分别记为 n_p 和 n_q，类 G_p 与 G_q 之间的距离用 $D(G_p, G_q)$ 表示。

（一）最短距离法

（1）定义类 G_p 与 G_q 之间的距离为两类中所有样品之间距离最小者：

$$D_{pq} = \min_{\substack{x_i \in G_p \\ x_j \in G_q}} d_{ij} = \min\{d_{ij} \mid x_i \in G_p, \ x_j \in G_q\}$$

最短距离法就是以 D_{pq} 为准则进行聚类的方法。

（2）基本步骤。

①定义样品之间的距离，计算样品两两之间的距离，得到样本距离矩阵 $D(0)$。初始时，每个样本点自成一类，易见 $D_{pq} = d_{pq}$。

$$D(0) = \begin{pmatrix} 0 & & & & \\ d_{21} & 0 & & & \\ d_{31} & d_{32} & 0 & & \\ & & & \ddots & \\ d_{n1} & d_{n2} & d_{n3} & \cdots & 0 \end{pmatrix}$$

②选择 $D(0)$ 中非对角线最小元素[①]，不防设为 $D_{pq} = d_{pq}$，于是将 G_p 与 G_q 类合并，记为：

$$G_{n+1} = G_p \cup G_q$$

③计算新类 G_{n+1} 与其他类 $G_k(k \neq l, \ m)$ 的距离。

$$D_{n+1,k} = \min\{d_{ij} \mid x_i \in G_{n+1}, \ x_j \in G_k\} = \min\{\min\{d_{ij} \mid x_i \in G_p, \ x_j \in G_k\},$$
$$\min\{d_{ij} \mid x_i \in G_q, \ x_j \in G_k\}\} = \min\{D(G_p, G_k), \ D(G_q, G_k)\}$$

---

① 如果最小的非零元素不止一个时，对应这些最小元素的类可以同时合并。

将 D(0) 中的第 p，q 行及 p，q 列用上面公式并成一个新行新列，得到的矩阵记为 D(1)。

④对 D(1)，重复上述对 D(0) 的（2）和（3）两步得 D(2)。如此下去，直到所有的元素并成一类为止[①]。

（二）最长距离法

定义类 G_p 与 G_q 之间的距离为两类最远样本点之间的距离：

$$D_{pq} = \max_{\substack{x_i \in G_p \\ x_j \in G_q}} d_{ij} = \max \left\{ d_{ij} \mid x_i \in G_p, \ x_j \in G_q \right\}$$

基本步骤完全等同于最短距离法。只是距离是按照最远样本点计算，但聚类仍然按照距离最小的并为一类。

（三）中间距离法

定义类与类之间的距离既不采用两类之间最近的距离，也不采用两类之间最远的距离，而是采用介于两者之间的距离，故称中间距离法。

如果 $G_r = G_p \cup G_q$，则任一类 G_k 与新类 G_r 的距离公式为：

$$D_{kr}^2 = \frac{1}{2} D_{kp}^2 + \frac{1}{2} D_{kq}^2 + \beta D_{pq}^2 \quad -\frac{1}{4} \leqslant \beta \leqslant 0^{[②]}$$

基本步骤完全等同于最短距离法。

（四）重心距离法

定义类与类之间的距离时，为了体现每类所包含的样品个数，给出重心法。它将两类之间的距离定义两类重心[③]之间的距离。

设 G_p 与 G_q 合并成新类 G_r，它们分别含有 n_p、n_q 和 $n_r(n_p + n_q)$ 个样本点，它们的重心分别为：$\bar{x}_p$、$\bar{x}_q$ 和 $\bar{x}_r$。则 $\bar{x}_r = \frac{1}{n_r}(n_p \bar{x}_p + n_q \bar{x}_q)$。

设某一类 G_k 的重心为 $\bar{x}_k$，则它与新类 G_r 的距离公式为：

$$D_{kr}^2 = \frac{n_p}{n_r} D_{kp}^2 + \frac{n_q}{n_r} D_{kq}^2 - \frac{n_p}{n_r} \frac{n_q}{n_r} D_{pq}^2$$

基本步骤完全等同于最短距离法。

---

① 在实际问题中，一般事先给定分类的数目，或给定阈值 T，要求类与类之间的距离小于 T。

② 式中采用平方距离是为了上机方便，也可以完全不采用平方距离。

③ 每类的重心就是该类（组）样本点的均值。易见，单个样本点的重心是自身，两个样本点的重心就是两点边线中点。

（五）类平均距离法

重心距离法虽然具有一定的代表性，但并未充分利用各样品点所包括的距离信息，为此给出类平均距离法。类平均法定义两类之间的距离平方为这两类元素两两之间距离平方的平均，即：

$$D_{pq}^2 = \frac{1}{n_p n_q} \sum_{x_i \in G_p} \sum_{x_j \in G_q} d_{ij}^2$$

设 G_p 与 G_q 合并成新类 G_r，则任一类 G_k 与 G_r 之间的距离为：

$$D_{kr}^2 = \frac{1}{n_k n_r} \sum_{x_i \in G_k} \sum_{x_j \in G_r} d_{ij}^2 = \frac{1}{n_k n_r} \left[\sum_{x_i \in G_k} \left(\sum_{x_j \in G_p} d_{ij}^2 + \sum_{x_j \in G_q} d_{ij}^2 \right) \right]$$

$$= \frac{1}{n_k n_r} \left(\sum_{x_i \in G_k} \sum_{x_j \in G_p} d_{ij}^2 + \sum_{x_i \in G_k} \sum_{x_j \in G_q} d_{ij}^2 \right)$$

$$= \frac{1}{n_k n_r} \left(n_k n_p D^2(G_k, G_p) + n_k n_q D^2(G_k, G_q) \right)$$

$$= \frac{n_p}{n_r} D^2(G_k, G_p) + \frac{n_q}{n_r} D^2(G_k, G_q) = \frac{n_p}{n_r} D_{kp}^2 + \frac{n_q}{n_r} D_{kq}^2$$

基本步骤完全等同于最短距离法。

（六）离差平方和法

该方法是华德（Ward）提出，所以又称 Ward 方法。其基本思想来源于方差分析。如果分类合理，同类样本点的离差平方和应当较小，而类与类之间的离差平方和应该较大。

不妨设将 n 个样品分成了 k 类：G_1，G_2，$\cdots$，G_k，用 $X_i^{(t)}$ 表示 G_t 中的第 i 个样品（这里 $X_i^{(t)}$ 是 p 维向量），n_t 表示 G_t 中的样品个数，$\overline{X}^{(t)}$ 是 G_t 的重心，则 G_t 中样品的离差平方和为：

$$S_t = \sum_{i=1}^{n_1} (X_i^{(t)} - \overline{X}^{(t)})' (X_i^{(t)} - \overline{X}^{(t)})$$

k 个类的类内离差平方和为：

$$S = \sum_{t=1}^{k} S_t = \sum_{t=1}^{k} \sum_{i=1}^{n_1} (X_i^{(t)} - \overline{X}^{(t)})' (X_i^{(t)} - \overline{X}^{(t)})$$

首先将 n 个样品看成各自一类，然后每次缩小一类，每缩小一类，离差平方和就要增大，选择使得离差平方和增加最小的二类进行合并，直到所有的样品归为一类。

各种聚类方法具有共同步骤，首先定义类与类之间的距离；其次找到类与新类之间距离的递推公式；以上类与类之间的距离，不但适用于对样品的聚类问题，而且也适合于对变量的聚类问题，这只要将 d_{ij} 用变量间的相似系数 C_{ij} 代替，相应的距离可称为类与类之间的相似系数。R 型系统聚类与 Q 型系统聚类的原理和步骤相同，但有两点区别：统计量的选取、各类中的元素构成不同。它定义类与类之间的相似系数（最小、最大、平均），并且按照最大的相似系数进行并类。

系统聚类过程的 R 代码可以用 hclust( ) 函数来实现，格式是 hclust(d, method =)，其中 d 是通过 dist( ) 函数计算出来的距离矩阵，格式是 dist(X,method =)（X 是标准化后的数据框），method 是距离计算方法（"manhattan"（绝对值距离）、"euclidean"（欧氏距离）、"maximum"（切比雪夫距离）、"minkowski"（明考斯基效力距离））等；method 是类间距离定义方法（"single"（最短距离法）、"complete"（最长距离法）、"median"（中间距离法）、"centroid"（重心距离法）、"average"（类平均距离法）及 "ward"（离差平方和法））。

【例 8 - 1】（数据：example8_1. RData）数据来自 R 的 flexclust 包的内置数据集 nutrient，该数据集包含了 27 种肉、鱼和家禽类食物五种营养的成分，energy（能量）、protein（蛋白质）、fat（脂肪）、calcium（钙）、iron（铁）。为了探究 27 种食物的营养分布情况，根据调查数据做食物类型划分。[①]

解：首先采用系统聚类的最小距离法进行聚类，样品之间的距离采用欧氏距离来度量，将 27 种食物看成 27 类，分别计算各类之间的距离，容易求得 BEEF BRAISED 和 SMOKED HAM 之间的距离最小，因此把它们合并为一个新类，记为 G1 然后采用欧氏距离计算各类之间的距离，发现 PORK ROAST 和 PORK SIMMERED 之间的距离最小，于是把它们合并为一个新类 G2，如此一直下去，直到把所有的 27 种食物合并为一类，见文本框 8 - 1。

文本框 8 - 1

```
load("C:/text/ch8/example8_1.RData")
install.packages("flexclust")
library(flexclust)
scaled <- scale(example6_1)#数据标准化
d <- dist(scaled)
class <- hclust(d,method = "single")
plot(class,hang = -1,cex = 0.8,main = "最短距离法聚类结果")#绘制树状图
```

---

① Robert I. Kabacoff：《R 语言实战》，人民邮电出版社 2016 年版。

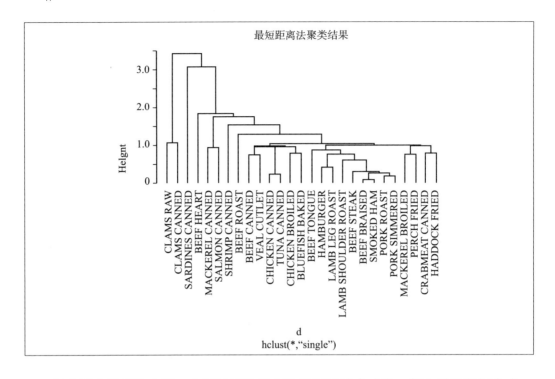

树状图应从下往上读，它展示了这些食物如何被结合成类。每个样品起初自成一类，然后相距最近的两个样品（BEEF BRAISED 和 SMOKED HAM）合并为 G1；其次，PORK ROAST 和 PORK SIMMERED 合并为 G2，CHICKEN CANNED 和 TUNA CANNED 合并为 G3；再次，G1 和 G2 合并为 G4，合并继续下去，直到所有的样品合并成一类。高度刻度代表了该高度类之间合并的判定值。对于最短距离法，标准是一个类中的点和另一个类中的点的最小距离。

基于食物营养成分的相似性和相异性，上述系统聚类提供了 27 种食物之间的相似性聚类分析视图。BEEF BRAISED 和 SMOKED HAM 是相似的，但是和 BEEF HEART 有很大的不同；CHICKEN CANNED 和 TUNA CANNED 是相似的，但是和 CLAMS CANNED 有很大的不同。如果将 27 种食物分成较少的类别，需要额外的分析来选择适当的聚类数。

NbClust 包提供了确定聚类分析最佳类数的方法。NbClust( ) 函数可通过 26 个准则来"投票"最佳聚类数目，其格式 NbClust（X，distance = ，min = ，max = ，method = ），其中，X 是标准化后的数据框，distance 是距离计算方法 ["manhattan"（绝对值距离）、"euclidean"（欧氏距离）、"maximum"（切比雪夫距离）、"minkowski"（明考斯基效力距离）等]；min 是最小聚类个数；max 是最大聚类个数；method 是类间距离定义方法 ["singlc"（最短距离法）、"complete"（最长距离法）、"median"（中间距离法）、"centroid"（重心距离法）、"average"（类平均距离法）及 "ward"（离差平方和法）]，见文本框 8 – 2。

文本框 8 - 2

```
install.packages("NbClust")
library(NbClust)
scaled <- scale(example6_1)#数据标准化
devAskNewPage(ask = TRUE)
nc <- NbClust(scaled,distance = "euc",method = "complete")
```

```
* Among all indices:
* 4 proposed 2 as the best number of clusters
* 5 proposed 3 as the best number of clusters
* 1 proposed 4 as the best number of clusters
* 2 proposed 5 as the best number of clusters
* 2 proposed 8 as the best number of clusters
* 1 proposed 11 as the best number of clusters
* 2 proposed 13 as the best number of clusters
* 3 proposed 14 as the best number of clusters
* 3 proposed 15 as the best number of clusters
                ***** Conclusion *****
* According to the majority rule,the best number of clusters is  3
```

```
table(nc$Best.n[1,])
```

```
0  1  2  3  4  5  8  11  13  14  15
2  1  4  5  1  2  2  1   2   3   3
```

```
barplot(table(nc$Best.n[1,]),xlab = "聚类个数",ylab = "准则赞同数
目",main = "26 个评判准则推荐的聚类数")
```

从以上分析可以看出，1 个判别准则赞同的聚类个数为 1、4、11；2 个判别准则赞同的聚类个数是 0、5、8、13 等；5 个判别准则赞同的聚类个数为 3，是"投票"个数最多的。下面将 27 种食物分为三类，并进行分类结果解释，见文本框 8 - 3。

文本框 8 - 3

```
class <- hclust(d,method = "complete")
class1 <- cutree(class,k = 3)#分成三类
table(class1)
```

```
class1
1   2   3
7  18   2
```

```
aggregate(example6_1,by = list(cluster = class1),median)#获取原始
数据每类的中位数
```

	cluster	energy	protein	fat	calcium	iron
1	1	340.0	19.0	29	9	2.50
2	2	170.0	20.5	8	14	1.65
3	3	57.5	9.0	1	78	5.70

```
aggregate(scaled,by = list(cluster = class1),median)#获取标准化数
据每类的中位数
```

	cluster	energy	protein	fat	calcium	iron
1	1	1.3101024	0.0000000	1.3785620	-0.4480464	0.08110456
2	2	-0.3696099	0.3528003	-0.4869384	-0.3839719	-0.50056719
3	3	-1.4811842	-2.3520023	-1.1087718	0.4361807	2.27092763

```
plot(class,hang = -1,cex = 0.8,main = "最长距离法三类解决方案")
rect.hclust(class,k = 3)
```

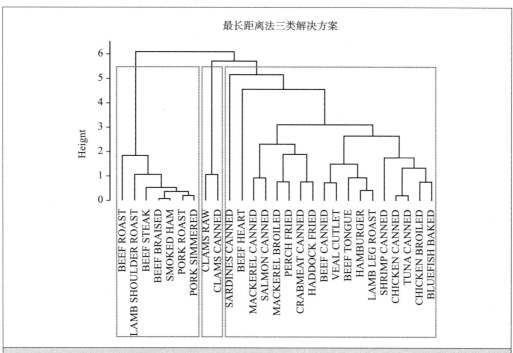

最长距离法三类解决方案

```
cutree(class,3)#确定分类结果
```

BEEF BRAISED	HAMBURGER	BEEF ROAST
1	2	1
BEEF STEAK	BEEF CANNED	CHICKEN BROILED
1	2	2
CHICKEN CANNED	BEEF HEART	LAMB LEG ROAST
2	2	2
LAMB SHOULDER ROAST	SMOKED HAM	PORK ROAST
1	1	1
PORK SIMMERED	BEEF TONGUE	VEAL CUTLET
1	2	2
BLUEFISH BAKED	CLAMS RAW	CLAMS CANNED
2	3	3
CRABMEAT CANNED	HADDOCK FRIED	MACKEREL BROILED
2	2	2
MACKEREL CANNED	PERCH FRIED	SALMON CANNED
2	2	2
SARDINES CANNED	TUNA CANNED	SHRIMP CANNED
2	2	2

从以上分析可以看出，第一类含有 7 个样品，第二类有 18 个样品，第三类有 2 个样品。第一类食物含有高能量、高蛋白和高脂肪；第二类食物是含有最多样品的类，含有中能量、高蛋白、低钙和较低的铁；第三类食物是低能量、低脂肪、高钙和高铁。

第三节　K 均值聚类法

系统聚类法要求分类方法明确，一个样品或变量一旦划入某一群就不能改变了，而且在聚类过程中需要储存距离矩阵，在聚类的每一步都计算"类间距离"相应的计算量比较大，需要占据非常大的计算机内存空间，速度较慢。而 K 均值聚类法（K - means clustering）法是一种快速聚类法，采用该方法得到的结果比较简单易懂，对计算机的性能要求不高，应用比较广泛。

一、K 均值聚类法的基本思想

K 均值聚类法是麦昆（J. B. MacQueen）在 1967 年提出的，它是聚类方法中一个基本的划分方法，常常采用离差平方和准则函数作为聚类准则函数。

K 均值聚类法的基本思想：首先随机从数据集中选取 K 个点作为初始聚类中心，然后计算各个样本到聚类中的距离，把样本归到离它最近的那个聚类中心所在的类。计算新形成的每一个聚类的数据对象的平均值来得到新的聚类中心，如果相邻两次的聚类中心没有任何变化，说明样本调整结束，聚类准则函数已经收敛。本算法的一个特点是在每次迭代中都要考察每个样本的分类是否正确，若不正确，就要调整，在全部样本调整完后，再修改聚类中心，进入下一次迭代。如果在一次迭代算法中，所有的样本被正确分类，则不会有调整，聚类中心也不会有任何变化，这标志着已经收敛，因此算法结束。

二、K 均值聚类法的步骤

K 均值聚类法的算法包括三个步骤：
（1）将所有样品分成 K 个初始类；
（2）通过欧氏距离将某个样品划入离中心最近的类中，并对获得样品与失去样品的类重新计算中心坐标；
（3）重复步骤（2），直到所有样品都不能再分类为止。

K 均值聚类法和系统聚类一样，都是以距离的远近亲疏为标准进行聚类。但是两者有不同之处：系统聚类对不同的类数产生一系列的聚类结果，而 K 均值聚类法只能产生指定类数的聚类结果。具体类数的确定，可借助于系统聚类法，以一部分样本为对象进行聚类，其结果作为 K 均值聚类法确定类数的参考。

三、K 均值聚类的局限性

首先，需要指定样品分为多少类；其次，该方法只能对样品聚类，而不能对变量聚类；最后，该方法所使用的变量必须都是连续型变量。

【例 8 - 2】（续 [例 8 - 1]）利用 K 均值聚类法对 27 种食物进行分类。

解：首先确定分类数 K，可以画出组内平方和与提取聚类个数的二维图，如果随着聚类个数的增加，组内平方和下降变得缓慢了，即可确定分类数 K，见文本框 8 - 4。

文本框 8 - 4

```
load("C:/text/ch8/example8_1.RData")
wssplot <- function(data,nc = 15,seed = 1234){
wss <- nrow(data) * sum(apply(data,2,var))
for(i in 2:nc){
set.seed(seed)
wss[i] <- sum(kmeans(data,centers = i)$withinss)}
plot(1:nc,wss,type = "b",xlab = "聚类数",ylab = "组内平方和")}
scaled <- scale(example6_1)
wssplot(scaled)
```

从组内平方和与提取聚类个数的二维图可以看出，从一类到三类组内平方和下降得很快，之后下降缓慢，建议选用聚类个数为三的解决方案。也可以借助系统聚类法，确定分类数 K。

确定聚类数 K = 3 后，利用 K 均值聚类法进行聚类，见文本框 8 – 5。

文本框 8 – 5

```
set.seed(1234)
km <- kmeans(scaled,3,nstart =25)#nstart 选项尝试多种初始配置并输出
最好的一个,nstart =25 会生成 25 个初始配置,推荐使用这种方法
km
```

K – means clustering with 3 clusters of sizes 16,9,2
cluster means:

	energy	protein	fat	calcium	iron
1	−0.5023813	2.940003e−01	−0.5646676	0.1991053	−0.3166563
2	1.2222743 −	3.083953e−18	1.2502472	−0.4508941	0.0582939
3 −	1.4811842	−2.352002e+00	−1.1087718	0.4361807	2.2709276

clustering vector:

BEEF BRAISED	HAMBURGER	BEEF ROAST
2	2	2
BEEF STEAK	BEEF CANNED	CHICKEN BROILED
2	1	1
CHICKEN CANNED	BEEF HEART	LAMB LEG ROAST
1	1	2
LAMB SHOULDER ROAST	SMOKED HAM	PORK ROAST
2	2	2
PORK SIMMERED	BEEF TONGUE	VEAL CUTLET
2	1	1
BLUEFISH BAKED	CLAMS RAW	CLAMS CANNED
1	3	3
CRABMEAT CANNED	HADDOCK FRIED	MACKEREL BROILED
1	1	1
MACKEREL CANNED	PERCH FRIED	SALMON CANNED
1	1	1

```
    SARDINES CANNED            TUNA CANNED              SHRIMP CANNED
          1                         1                         1
Within cluster sum of squares by cluster:
[1] 52.2791954  6.4176963  0.5626097
(between_SS/total_SS =  54.4 %)
Available components:
[1] "cluster"    "centers"    "totss"     "withinss"   "tot.withinss"
[6] "betweenss"  "size"       "iter"       "ifault"
```

```
aggregate(example6_1,by = list(cluster = km$cluster),mean)  #原始
数据每一类变量的均值
```

	cluster	energy	protein	fat	calcium	iron
1	1	156.5625	20.25	7.12500	59.500000	1.918750
2	2	331.1111	19.00	27.55556	8.777778	2.466667
3	3	57.5000	9.00	1.00000	78.000000	5.700000

　　从 K 均值聚类结果看，第一类含有 16 个样品，第二类有 9 个样品，第三类有 2 个样品。第一类食物是最大的类，含有中能量、高蛋白、高钙和较低的铁；第二类食物含有高能量、高蛋白和高脂肪；第三类食物是低能量、低脂肪、高钙和高铁，与系统聚类结果差别不大，详见表 8 - 2。

表 8 - 2 　　　　　　　　　　　　　　　　K 均值聚类结果

第一类	第二类	第三类
BEEF CANNED；CHICKEN BROILED；CHICKEN CANNED；BEEF HEART；BEEF TONGUE；VEAL CUTLET；BLUEFISH BAKED；CRABMEAT CANNED；ADDOCK FRIED；MACKEREL BROILED；MACKEREL CANNED；PERCH FRIED；SALMON CANNED；SARDINES CANNED；TUNA CANNED；SHRIMP CANNED	BEEF BRAISED；HAMBURGER；BEEF ROAST；BEEF STEAK；LAMB LEG ROAST；LAMB SHOULDER ROAST；SMOKED HAM；PORK ROAST；PORK SIMMERED	CLAMS RAW；CLAMS CANNED

　　画出聚类图及聚类中心，见文本框 8 - 6。

文本框 8 - 6

```
plot(scaled,pch = km$cluster,col = km$cluster)
points(km$centers,col = 3,pch = "*",cex = 3)
```

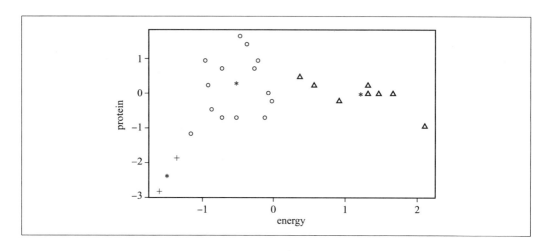

从聚类图看，k-means 聚类方法把 27 种食物分成三类，图中的 "＊" 分别是三类的聚类中心。

习　　题

1. 聚类分析的基本思想是什么？

2. 聚类分析常用的距离有哪些？比较这些距离的差异。

3. 聚类分析有哪两大类？它们分别使用什么统计量？它们之间有什么联系与区别？

4. 系统聚类分析方法有哪些？其共同特征是什么？

5. 阐述系统聚类法的基本步骤。

6. 查阅《中国统计年鉴》，对 2016 年中国各省份的城镇居民消费水平进行分类。

7. 查阅《中国统计年鉴》，对 2016 年中国各地区经济发展水平进行聚类。

第九章

判 别 分 析

科学研究中，经常会遇到这样的问题：某研究对象以某种方式（如先前的结果或经验）已划分成若干类型，而每一类型都是用一些指标 $X = (X_1, X_2, \cdots, X_p)'$ 来测度的，即不同类型的 X 的观测值在某种意义上有一定的差异。当得到一个新样本观测值（或个体）的关于指标 X 的观测值时，要判断该样本观测值（或个体）属于这几个已知类型中的哪一个，这类问题通常称为判别分析。

第一节　判别分析方法概述

一、判别分析的概念

判别分析（discriminant analysis）是在已知样品分类的前提下，根据所研究样品的某些指标的观测值来推断该样品所属类型的一种统计方法。用统计的语言来描述判别分析，就是已知有 g 个总体 G_1, G_2, $\cdots$, G_g（每个总体 G_i 可认为是属于 G_i 的指标 $X = (X_1, X_2, \cdots, X_p)'$ 取值的全体），它们的分布函数 $F_1(x)$, $F_2(x)$, $\cdots$, $F_g(x)$ 均为 p 维函数，对于任一给定的新样本观测值关于指标 X 的观测值 $x = (x_1, x_2, \cdots, x_p)'$，我们要判断该样本观测值应属于这 g 个总体中的哪一个。

当被解释变量是定性变量，而解释变量是定量变量时，判别分析是合适的统计方法，判别分析能够解决被解释变量包含两组或更多组的情况。当被解释变量包含两组时，称两组判别分析；当被解释变量包含三组或三组以上时，称为多组判别分析（multiple discriminant analysis）。按照判别分析所用的数学模型分，可分为：线性判别和非线性判别。判别分析的准则主要有：马氏距离最小准则、Fisher 准则、平均损失最小准则、最小平方准则、最大似然准则、最大概率准则。并可由此提出判别方法：距离判别法、Fisher 判别法、Bayes 判别法、逐步判别法。根据判别准则的不同，我们主要介绍距离判别和 Bayes 判别。

二、判别分析的假设条件

假设一：被解释变量分组类型在两组以上，在第一阶段工作时每组案例的规模必须至少在一个以上；

假设二：解释变量必须是可度量的，每一个判别变量（解释变量）不能是其他判别变量的线性组合。因为是其他判别变量的线性组合的判别变量不能提供新的信息，更重要的是在这种情况下无法估计判别函数。而且，如果一个判别变量与另外的判别变量高度相关，或与另外的判别变量的线性组合高度相关，虽然能求解，但参数估计的标准误将会很大，以至于参数估计统计上不显著。

假设三：各组变量的协方差矩阵相等，判别分析最简单和最常用的形式是采用线性判别函数，它是判别变量的简单线性组合。在各组协方差矩阵相等的假设条件下，可以使用很简单的公式来计算判别函数和进行显著性检验，当各组协方差矩阵不相同时，距离判别函数为非线性形式，公式较为复杂。

假设四：各判别变量之间具有多元正态分布，即每个变量对于其他变量的固定值有正态分布。在这种条件下，可以精确计算显著性检验值和分组归属的概率。当违背该假设时，计算的概率将非常不准确。

三、判别分析与聚类分析的区别

判别分析是用以判别个体所属群体的一种统计分析方法，产生于 20 世纪 30 年代。判别分析是在已知研究对象分成若干类型（或组别）并已取得各种类型的一批已知样品的观测数据，在此基础上根据某些准则建立判别式，然后对未知样品进行判别分类。而聚类分析是一批给定样品要划分的类型事先并不知道，正需要通过聚类分析来确定类型。[①]

判别分析与聚类分析经常结合使用：通过聚类分析首先确定出几个类型，对难以分类的样品再使用判别分析，确定其类别归属。

第二节　距　离　判　别

距离判别是通过定义样本指标 X 的观测值 x（p 维）到各总体的距离，以其大小判

---

① 马树才等：《经济多变量分析》，吉林人民出版社 2002 年版。

定样本观测值属于哪个总体。常用的距离是 Mahalanobis 距离（简称"马氏距离"），其定义如下：

设 G 是 p 维总体，均值向量为 μ，协方差矩阵为 Σ，定义 p 维样本 x 到总体 G 的马氏距离为：

$$d(x,\ G) = \left[(x-\mu)' \sum (x-\mu) \right]^{\frac{1}{2}}$$

一、基本思想

根据已知分类的数据，分别计算各类的重心即分组（类）的均值。判别准则是对任给的一次观测，若它与第 i 类的重心距离最近，就认为它来自第 i 类。

距离判别法对各类总体分类并无特殊的要求。

二、两个总体的距离判别法

设有两个总体（或称两类）G_1、G_2，其均值向量和协差阵分别为 $\mu^{(1)}$，$\mu^{(2)}$ 和 $\Sigma^{(1)}$，$\Sigma^{(2)}$，从第一个总体中抽取 n_1 个样品，从第二个总体中抽取 n_2 个样品，每个样品测量 p 个指标。

G_1 总体

样品	x_1	x_2	$\cdots$	x_p
$X_1^{(1)}$	$X_{11}^{(1)}$	$X_{12}^{(1)}$	$\cdots$	$X_{1p}^{(1)}$
$X_2^{(1)}$	$X_{21}^{(1)}$	$X_{22}^{(1)}$	$\cdots$	$X_{2p}^{(1)}$
$\vdots$	$\vdots$	$\vdots$	$\vdots$	$\vdots$
$X_{n_1}^{(1)}$	$X_{n_1 1}^{(1)}$	$X_{n_1 2}^{(1)}$	$\cdots$	$X_{n_1 p}^{(1)}$
均值	$\bar{x}_1^{(1)}$	$\bar{x}_2^{(1)}$	$\cdots$	$\bar{x}_p^{(1)}$

G_2 总体

样品	x_1	x_2	$\cdots$	x_p
$X_1^{(2)}$	$X_{11}^{(2)}$	$X_{12}^{(2)}$	$\cdots$	$X_{1p}^{(2)}$
$X_2^{(2)}$	$X_{21}^{(2)}$	$X_{22}^{(2)}$	$\cdots$	$X_{2p}^{(2)}$
$\vdots$	$\vdots$	$\vdots$	$\vdots$	$\vdots$
$X_{n_2}^{(2)}$	$X_{n_1 1}^{(2)}$	$X_{n_1 2}^{(2)}$	$\cdots$	$X_{n_1 p}^{(2)}$
均值	$\bar{x}_1^{(2)}$	$\bar{x}_2^{(2)}$	$\cdots$	$\bar{x}_p^{(2)}$

任取一样品（待判）X，实测指标值为 $x=(x_1,\ x_2,\ \cdots,\ x_p)'$，问 X 应归并为哪一类？

（1）计算 X 到总体 G_1 和 G_2 的距离，分别记为：$D(X,\ G_1)$ 和 $D(X,\ G_2)$；

（2）判别：

$$\begin{cases} D(X,\ G_1) < D(X,\ G_2) \text{则 } X \in G_1 \\ D(X,\ G_1) > D(X,\ G_2) \text{则 } X \in G_2 \\ D(X,\ G_1) = D(X,\ G_2) \text{则待判} \end{cases}$$

（3）距离的定义（马氏距离）。

$$D^2(X,\ G_i) = (X-\mu^{(i)})'(\Sigma^{(i)})^{-1}(X-\mu^{(i)})\quad i=1,\ 2$$

①当 $\Sigma^{(1)} = \Sigma^{(2)} = \Sigma$ 时。

此时，考察样品 X 到两总体的马氏距离的平方差，由于

$$D^2(X,\ G_2) - D^2(X,\ G_1)$$

$$= (X-\mu^{(2)})'\Sigma^{-1}(X-\mu^{(2)}) - (X-\mu^{(1)})'\Sigma^{-1}(X-\mu^{(1)})$$

$$= X'\Sigma^{-1}X - 2X'\Sigma^{-1}\mu^{(2)} + \mu^{(2)'}\Sigma^{-1}\mu^{(2)} - X'\Sigma^{-1}X + 2X'\Sigma^{-1}\mu^{(1)} - \mu^{(1)'}\Sigma^{-1}\mu^{(1)}$$

$$= 2X'\Sigma^{-1}(\mu^{(1)}-\mu^{(2)}) + \mu^{(2)'}\Sigma^{-1}\mu^{(2)} - \mu^{(1)'}\Sigma^{-1}\mu^{(1)} + \mu^{(1)'}\Sigma^{-1}\mu^{(2)} - \mu^{(2)'}\Sigma^{-1}\mu^{(1)}$$

$$= 2X'\Sigma^{-1}(\mu^{(1)}-\mu^{(2)}) - (\mu^{(1)}+\mu^{(2)})'\Sigma^{-1}(\mu^{(1)}-\mu^{(2)})$$

$$= 2\left[X - \frac{1}{2}(\mu^{(1)}+\mu^{(2)})\right]'\Sigma^{-1}(\mu^{(1)}-\mu^{(2)})$$

$$= 2[X-\overline{\mu}]'\Sigma^{-1}(\mu^{(1)}-\mu^{(2)})$$

其中，$\overline{\mu} = \frac{1}{2}(\mu_1+\mu_2)$。令 $W(X) = (X-\overline{\mu})'\Sigma^{-1}(\mu_1-\mu_2)$，则判别准则可以简化为：

$$\begin{cases} W(X) > 0 \text{ 则 } X \in G_1 \\ W(X) < 0 \text{ 则 } X \in G_2 \\ W(X) = 0 \text{ 则待判} \end{cases}$$

更进一步，令 $\alpha' = (\mu_1-\mu_2)'\Sigma^{-1}$，则 $W(X)$ 可表示为：

$$W(X) = (X-\overline{\mu})'\alpha = \alpha'(X-\overline{\mu}) = (\alpha_1,\ \alpha_2,\ \cdots,\ \alpha_p)\begin{pmatrix} X_1-\overline{\mu}_1 \\ X_2-\overline{\mu}_2 \\ \vdots \\ X_p-\overline{\mu}_p \end{pmatrix}$$

$$= \alpha_1(X_1-\overline{\mu}_1) + \cdots + \alpha_p(X_p-\overline{\mu}_p)$$

上式表明，当 $\mu^{(1)}$，$\mu^{(2)}$ 和 Σ 均已知时，$W(X)$ 是 $X_1,\ X_2,\ \cdots,\ X_p$ 的线性函数，称之为线性判别，α 称之为判别系数。

线性判别函数因其使用方便而得到广泛的应用。但在实际问题中，$\mu^{(1)}$，$\mu^{(2)}$ 和 Σ 通常是未知的，我们所具有的资料只是来自两个总体的训练样本。这时，可以通过训练样本对 $\mu^{(1)}$，$\mu^{(2)}$ 及 Σ 作估计。设 $X_1^{(i)},\ \cdots,\ X_{n_i}^{(i)}$ 为来自 G_i 的样本（每个 $X_k^{(i)}$，$k=1,\ 2,\ \cdots,\ n_i$ 均为 p 维列向量），$i=1,\ 2$，则：

$$\hat{\mu}^{(i)} = \overline{X}^{(i)} = \frac{1}{n_i}\sum_{k=1}^{n_i} X_k^{(i)}\quad i=1,\ 2$$

$$\hat{\Sigma} = \frac{(n_1-1)V_1 + (n_2-1)V_2}{n_1+n_2-2} = \frac{1}{n_1+n_2-2}(S_1+S_2)$$

式中，$S_i = \sum\limits_{k=1}^{n_i} (X_k^{(i)} - \overline{X}^{(i)})(X_k^{(i)} - \overline{X}^{(i)})'$，$V_i = \dfrac{1}{n_i - 1} S_i$ 为样本的协差阵。$\hat{\mu}^{(i)}$ 和 $\hat{\Sigma}$ 为无偏估计。这时，判别函数 W（X）的估计为：

$$\hat{W}(X) = (X - \overline{\mu})' \hat{\Sigma}^{-1}(\hat{\mu}_1 - \hat{\mu}_2)$$

其中，$\overline{\mu} = \dfrac{1}{2}(\hat{\mu}_1 - \hat{\mu}_2)$。则：

$$\begin{cases} \hat{W}(X) > 0 \text{ 则 } X \in G_1 \\ \hat{W}(X) < 0 \text{ 则 } X \in G_2 \\ \hat{W}(X) = 0 \text{ 则待判} \end{cases}$$

注意：对于当 $p = 1$ 维时，若两个总体的分布分别为 $N(\mu_1, \sigma^2)$ 和 $N(\mu_2, \sigma^2)$，属于多维的一种特例。

②当 $\Sigma^{(1)} \neq \Sigma^{(2)}$ 时。

正如本节开始所述，可由 $D^2(X, G_1)$ 和 $D^2(X, G_2)$ 的大小判定 X 属于哪个总体，或令

$$W(X) = D^2(X, G_2) - D^2(X, G_1)$$
$$= (X - \mu_2)' \Sigma_2^{-1}(X - \mu_2) - (X - \mu_1)' \Sigma_1^{-1}(X - \mu_1)$$

作为判别函数，这时判别函数 W（X）是 X 的二次函数。

实际应用中，若 $\mu^{(1)}$，$\mu^{(2)}$ 和 $\Sigma^{(1)}$，$\Sigma^{(2)}$ 未知，可用总体的训练样本对它们作估计，从而得到判别函数 W(X) 的估计为：

$$\hat{W}(X) = (X - \hat{\mu}_2)' V_2^{-1}(X - \hat{\mu}_2) - (X - \hat{\mu}_1)' V_1^{-1}(X - \hat{\mu}_1)$$

其中，$\mu^{(1)}$，$\mu^{(2)}$ 与 V_1，V_2 表达同上。

三、多个总体的距离判别[①]

设有 k 个 p 维总体 G_1，G_2，$\cdots$，G_k，均值向量分别为 $\mu^{(1)}$，$\mu^{(2)}$，$\cdots$，$\mu^{(k)}$，协方差矩阵分别为 $\Sigma^{(1)}$，$\Sigma^{(2)}$，$\cdots$，$\Sigma^{(k)}$，从每个总体 G_i 中抽取 n_i 个样品，每个样品测量 p 个指标（$i = 1, 2, \cdots, k$）。类似两总体的距离差别，计算新样本观测值 X 到各总体的距离，比较这 k 个距离，判定 X 属于其距离最短的总体（若最短距离不唯一，则可将 X 归于具有最短距离总体中的任一个，因此，不妨设最短距离唯一）。下面仍就各协方差矩阵相等和不等的情况予以详细讨论。

---

① 将两个总体的情况推广到多个总体。

1. 当 $\Sigma^{(1)} = \cdots = \Sigma^{(k)} = \Sigma$ 时

此时，由前面的马氏距离定义知：$D^2(X, G_i) = (X - \mu^{(i)})'(\Sigma^{(i)})^{-1}(X - \mu^{(i)})$ $i = 1, 2, \cdots, k$，则判别函数为：

$$W_{ij}(X) = \frac{1}{2}\left[D^2(X, G_j) - D^2(X, G_i)\right]$$

$$= \left[X - \frac{1}{2}(\mu^{(i)} + \mu^{(j)})\right]'\Sigma^{-1}(\mu^{(i)} - \mu^{(j)})$$

则 X 到 G_i 的距离最小等价于对所有的 $j \neq i$，有 $W_{ij}(X) > 0$，从而判别准则可以写为：

$$\begin{cases} \text{当 } W_{ij}(X) > 0，对一切 j \neq i \qquad 则 X \in G_i \\ \text{若有某一个 } W_{ij}(X) = 0 \qquad\qquad 则待判 \end{cases}$$

当 $\mu^{(1)}, \mu^{(2)}, \cdots, \mu^{(k)}$ 和 Σ 通常是未知的，可以利用各总体的训练样本对其进行估计，得到估计的判别函数。设 $X_1^{(i)}, \cdots, X_{n_i}^{(i)}$ 为来自 G_i 的样本（每个 $X_t^{(i)}$，$t = 1, 2, \cdots, n_i$ 均为 p 维列向量），$i = 1, 2, \cdots, k$，则：

$$\hat{\mu}^{(i)} = \overline{X}^{(i)} = \frac{1}{n_i}\sum_{t=1}^{n_i} X_t^{(i)} \quad i = 1, 2, \cdots, k$$

$$\hat{\Sigma} = \frac{1}{n_1 + n_2 + \cdots + n_k - k}\sum_{i=1}^{k} S_i$$

式中，$S_i = \sum_{t=1}^{n_i}(X_t^{(i)} - \overline{X}^{(i)})(X_t^{(i)} - \overline{X}^{(i)})'$ 为 G_i 的样本离差阵。$\hat{\mu}^{(i)}$ 和 $\hat{\Sigma}$ 为无偏估计。

2. 当 $\Sigma^{(i)}(i = 1, 2, \cdots, q)$ 不全相等时

这时只需直接计算：

$$D^2(X, G_i) = (X - \mu_i)'\Sigma_i^{-1}(X - \mu_i)，(i = 1, 2, \cdots, q)$$

若：

$$\min_{1 \leq t \leq k}\{D^2(X, G_t)\} = D^2(X, G_i)，则判 X \in G_i。$$

同样地，若 $\mu^{(1)}, \mu^{(2)}, \cdots, \mu^{(k)}$ 和 Σ 是未知的，则可以用它们的估计量 $\hat{\mu}^{(i)}$ 和 S_i 计算得到 X 到各总体的距离，从而进行判断。

或者，可以构造判别函数：

$$W_{ij}(X) = (X - \hat{\mu}^{(j)})'(V^{(j)})^{-1}(X - \hat{\mu}^{(j)}) - (X - \hat{\mu}^{(i)})'(V^{(i)})^{-1}(X - \hat{\mu}^{(i)})$$

判别准则同上。

四、判别准则的评价

当一个判别准则提出以后，很自然的问题就是它们的优良性如何。通常，一个判

别准则的优劣，用它的误判概率来衡量。以两总体为例，一个判别准则的误判概率即 X 属于 G_1 而判归 G_2 或者相反的概率。但只有当总体的分布完全已知时，才有可能精确计算误判概率。下面我们以两个总体为例，介绍两种以训练样本为基础的评价判别准则优劣的方法。它们也很容易推广到多个总体的情况。

当利用各总体的训练样本构造出判别准则后，评价此准则优劣的一个可行的办法是通过对训练样本中的各样本逐个回判（即将各样本观测值代入判别准则中进行再判别），利用回判的误判率来衡量判别准则的效果，具体方法如下：

设 G_1 和 G_2 为两个总体，$X_1^{(i)}$，$X_2^{(i)}$，$\cdots$，$X_{n_i}^{(i)}$（$i = 1$，2）为来自 G_1 和 G_2 的容量分别为 n_1 和 n_2 的训练样本，以此按一定方法（如距离判别法）构造一个判别准则（或判别函数），以全体训练样本作为 $n_1 + n_2$ 个新样本，逐个代入已建立的判别准则中判别其归属，这个过程称为回判。为明了起见，将回判结果连同其实际分类列成如下的四格表 9 - 1。

表 9 - 1　　　　　　　　　　　　　两总体回判结果

实际归类	回判情况		合计
	G_1	G_2	
G_1	n_{11}	n_{12}	n_1
G_2	n_{21}	n_{22}	n_2

其中，n_{11} 代表属于 G_1 的样品被正确判归 G_1 的个数；n_{12} 代表属于 G_1 的样品被错误判归 G_2 的个数；n_{21} 代表属于 G_2 的样品被错误判归 G_1 的个数；n_{22} 代表属于 G_2 的样品被正确判归 G_2 的个数。

定义误判率为回归中判错样品的比例，记为 $\hat{\alpha}$，即：

$$\hat{\alpha} = \frac{n_{12} + n_{21}}{n_1 + n_2}$$

$\hat{\alpha}$ 在一定程度上反映了某判别准则的误判率且对任何误判准则都易于计算。但是，$\hat{\alpha}$ 是由建立判别函数的数据反过来又用作评估准则优劣的数据而得到的，因此 $\hat{\alpha}$ 作为真实误判率的估计是有偏的，往往要比真实的误判率来的小。但作为误判概率的一种近似，当训练样本容量较大时，还是具有一定的参考价值。

【例9 - 1】（数据：example9_1. RData）数据来自 R 的内置数据集 iris（鸢尾花），该数据集包含了三个品种的鸢尾花，setosa（刚毛鸢尾花）、versicolor（变色鸢尾花）和 virginica（弗吉尼亚鸢尾花），每个品种各有 50 个样品。判别变量有四个：Sepal. Length（花萼长度）、Sepal. Width（花萼宽度）、Petal. Length（花瓣长度）和 Petal.

Width（花瓣宽度）。根据该资料建立判别函数，并根据判别准则进行回判。假设有一新样品，其 Sepal. Length = 6. 2，Sepal. Width = 3. 5，Petal. Length = 1. 8 和 Petal. Width =0. 3，问该样品属于何种鸢尾花?[1]

解：首先，按原始数据"Sepal. Length"" Sepal. Width"" Petal. Length"及" Petal. Width"两两生成分组图，探索每类样品在样本空间的分布情况。本例四个变量，可生成六个分类图，由于篇幅所限，只列出三组，见文本框 9 –1。

文本框 9 –1

```
load( "C:/text/ch9/example9_1.RData")
attach(example9_1)#绑定数据直到本节结束
Group <–factor(Species)
nGroup <–as.numeric(Group)
plot(Sepal.Length,Sepal.Width);text(Sepal.Length,Sepal.Width,
nGroup,adj = –0.8,cex =0.75)
```

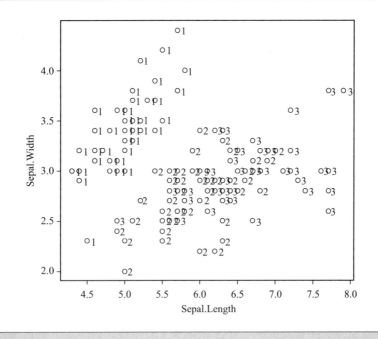

```
plot(Sepal.Length,Petal.Length);text(Sepal.Length,Petal.Length,
nGroup,adj = –0.8,cex =0.75)
```

---

① Robert I. Kabacoff：《R 语言实战》，人民邮电出版社 2016 年版。

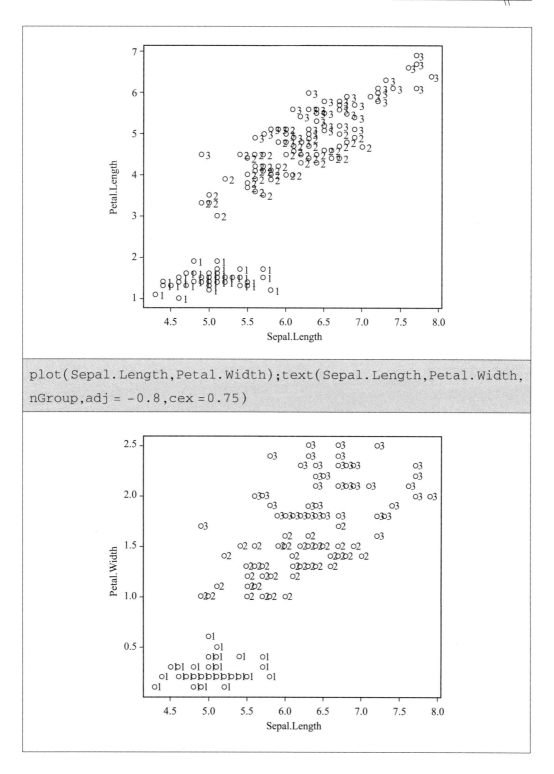

```
plot(Sepal.Length,Petal.Width);text(Sepal.Length,Petal.Width,
nGroup,adj = -0.8,cex =0.75)
```

当各类协方差矩阵相同时，可利用线性判别函数来判别，见文本框 9 - 2。

文本框 9 - 2

```
library(MASS)
ld < - lda ( Species ~ Sepal.Length + Sepal.Width + Petal.Length +
Petal.Width);ld
```

```
Call:
lda(Species ~ Sepal.Length + Sepal.Width + Petal.Length + Petal.
Width)
Prior probabilities of groups:
    setosa versicolor  virginica
0.3333333  0.3333333  0.3333333
Group means:
Sepal.Length Sepal.Width Petal.Length Petal.Width
setosa         5.006        3.428        1.462        0.246
versicolor     5.936        2.770        4.260        1.326
virginica      6.588        2.974        5.552        2.026
Coefficients of linear discriminants:
                    LD1            LD2
Sepal.Length     0.8293776      0.02410215
Sepal.Width      1.5344731      2.16452123
Petal.Length    -2.2012117     -0.93192121
Petal.Width     -2.8104603      2.83918785
Proportion of trace:
  LD1     LD2
0.9912   0.0088
```

```
W <- predict (ld);newG <- W$ class;cbind(Species,Wx = W$ x,newG);
table(Species,newG)
```

Species	newG setosa	versicolor	virginica
setosa	50	0	0
versicolor	0	48	2
virginica	0	1	49

```
predict(ld,data.frame(Sepal.Length = 6.2,Sepal.Width = 3.5,Pet-
al.Length = 1.8,Petal.Width = 0.3))#判定
```

```
$class
[1] setosa
Levels:setosa versicolor virginica


$posterior
setosa          versicolor          virginica
1               14.336223e-21       7.211588e-41


$x
    LD1           LD2
1 7.812584      0.2380833
```

根据建立的线性判别函数，对 150 个样品的预测中，只有三个样品判错，误差率为 2%，判别效果是很好的。根据建立的线性判别函数，代入预测数据，判断新样品属于第一类：setosa。

当各类协方差矩阵不相同时，距离判别函数为非线性形式，一般为二次函数，方程较为复杂，见文本框 9 – 3。

文本框 9 – 3

```
qd <- qda(Species ~ Sepal.Length + Sepal.Width + Petal.Length +
Petal.Width);
qd
```

```
Call:
qda(Species ~ Sepal.Length + Sepal.Width + Petal.Length + Petal.
Width)
Prior probabilities of groups:
setosa versicolor  virginica
0.3333333  0.3333333  0.3333333
Group means:
```

	Sepal.Length	Sepal.Width	Petal.Length	Petal.Width
setosa	5.006	3.428	1.462	0.246
versicolor	5.936	2.770	4.260	1.326
virginica	6.588	2.974	5.552	2.026

```
W1 <- predict(qd);
newG1 <- W1$class;cbind(Species,W1x = W1$x,newG1);
table(Species,newG1)
```

	newG1		
Species	setosa	versicolor	virginica
setosa	50	0	0
versicolor	0	48	2
virginica	0	1	49

```
predict(qd,data.frame(Sepal.Length = 6.2,Sepal.Width = 3.5,Pet-
al.Length = 1.8,Petal.Width = 0.3))#判定
detach(example9_1)
```

```
$class
[1] setosa
Levels:setosa  versicolor  virginica


$posterior
  setosa       versicolor      virginica
   1        19.928268e-21    8.385501e-40
```

由二次函数判别结果看，在 150 个样品中，同样只有三个样品判错，误差率为 2%，判别效果不错。根据建立的二次判别函数，代入预测数据，判断新样品同样是属于第一类：setosa。

第三节　Bayes 判别

一、Bayes 判别的基本思想

Bayes 统计的基本思想：假定对所研究的对象（总体）在抽样前已有一定的认识，常用先验概率分布来描述这种认识。然后基于抽取的样本再对先验认识作修正，得到所谓后验概率分布，而各种统计推断都基于后验概率分布来进行。将 Bayes 统计的思想用于判别分析，就得到 Bayes 判别方法。

设 G_1，G_2，$\cdots$，G_k 为 k 个 p 维总体，分别具有互不相同的 p 维概率密度函数 $f_1(x)$，$f_2(x)$，$\cdots$，$f_k(x)$。在进行判别分析之前，我们往往已对各总体有一定了解，实际中通常表现在某些总体较之其他总体出现的可能性会相对大一些。例如，对某厂生产的产品，正品总比次品多，即出现的样本观测值属于正品总体的可能性要比属于次品总体的可能性要相对大一些。又如，在全年 365 天中，发生大地震的可能性要比无大地震或无地震的可能性要小得多。因此，一个合理的判别准则应该考虑到每个总体出现的可能性的大小（即先验概率分布）。一般来说，将一个随机样本观测值应该首先考虑判入有较大可能出现的总体中。设这 k 个总体出现的先验概率分布为 q_1，q_2，$\cdots$，q_k，显然应有：

$$q_i \geq 0 (i = 1, 2, \cdots, k) \text{ 且 } \sum_{i=q}^{k} q_i = 1$$

除考虑各总体出现的先验概率外，还应考虑误判所造成的损失问题。在大多数实际问题中，若将属于总体 G_1 的样品归为 G_2，则会造成一定的损失，反之亦然，但造成损失的程度可能有所不同。例如，将一个正品电子元件判为次品，所损失的只是生产厂家（如果这种元件的成本不是很昂贵的话），但若判为正品而使用在更大的系统中，则有可能造成整个系统的损坏（这种损失往往是很大的）。又如，将实际生病的人判为无病，有可能导致病情加重甚至死亡而造成损失。反之将无病者诊断为有病，可给他们造成不必要的医疗费用支出和精神负担。总之，在制定判别准则时，应考虑到误判的损失问题。而这通常在判别分析前就是可以估计的，我们用表 9 - 2 的损失矩阵描述。

表 9 - 2 　　　　　　　　　　　　损失矩阵

实际为	判定为			
	G_1	G_2	$\cdots$	G_k
G_1	O	$c(2 \mid 1)$	$\cdots$	$c(k \mid 1)$
G_2	$c(1 \mid 2)$	O		$c(k \mid 2)$
$\vdots$	$\vdots$	$\vdots$	$\vdots$	$\vdots$
G_k	$c(1 \mid k)$	$c(2 \mid k)$	$\cdots$	O

其中 $c(j \mid i)$ 表示将实际属于 G_i 的样品判为 G_j 所造成的损失度量。

一个判别准则的实质就是对 R^p 空间作一个不相重叠的划分：D_1，D_2，$\cdots$，D_k，若样品 X 落入 D_i，则判此样品属于总体 G_i，因此一个判别准则可简记为 D = (D_1，D_2，$\cdots$，D_k)。

以 $P(j \mid i, D)$ 表示在判别准则 D 之下将事实上来自 G_i 的样品误判为来自 G_j 的概率，则：

$$P(j \mid i, D) = \int_{D_j} f_i(x) dx, \ j = 1, 2, \cdots, k, \ j \neq i$$

由此误判而造成的损失为 $c(j \mid i)$，$j = 1, 2, \cdots, k$，$j \neq i$。因此，在一个给定的判别准则 D 之下对 G_i 而言所造成的损失，应该是误判为 G_1，G_2，$\cdots$，G_{i-1}，G_{i+1}，$\cdots$，G_k 的所有损失，按照各误判概率加权求和，即在此判别准则下，将来自 G_i 的样品错判为其他总体的期望损失为（注意 $c(i \mid i) = 0$）：

$$l_i \triangleq \sum_{j=1, j \neq i}^{k} P(j \mid i, D) c(j \mid i)$$

又由于各总体 G_i 出现的先验概率为 q_i（$i = 1, 2, \cdots, k$），故在判别准则 D 之下总期望损失为：

$$L \triangleq \sum_{j=1}^{k} q_i l_i = \sum_{i=1}^{k} \sum_{j=1}^{k} q_i c(j \mid i) P(j \mid i, D)$$

我们看到，总期望损失 L 与判别准则 D 有关，Bayes 判别即选择 $D = (D_1, D_2, \cdots, D_k)$，使 L 达到最小。下面分两个及多个总体情形分别予以讨论。

二、两总体的 Bayes 判别

1. 一般总体

设 G_1，G_2 为 2 个 p 维总体，概率密度分别为 $f_1(x)$ 和 $f_2(x)$，总体 G_1，G_2 的先验概率分布为 q_1 和 q_2，误判损失分别为 $c(2 \mid 1)$ 和 $c(1 \mid 2)$。对 R^2 中的一个划分：$D = (D_1, D_2)$，有：

$$P(2 \mid 1, D) = \int_{D_2} f_1(x) dx$$

$$P(1 \mid 2, D) = \int_{D_1} f_2(x) dx$$

则总期望损失为：

$$L = q_1 c(2 \mid 1) P(2 \mid 1, D) + q_2 c(1 \mid 2) P(1 \mid 2, D)$$
$$= q_1 c(2 \mid 1) \int_{D_2} f_1(x) dx + q_2 c(1 \mid 2) \int_{D_1} f_2(x) dx$$
$$= \int_{D_1} q_2 c(1 \mid 2) f_2(x) dx - \int_{D_1} q_1 c(2 \mid 1) f_1(x) dx + \int_{D_1} q_1 c(2 \mid 1) f_1(x) dx + \int_{D_2} q_1 c(2 \mid 1) f_1(x) dx$$
$$= \int_{D_1} [q_2 c(1 \mid 2) f_2(x) - q_1 c(2 \mid 1) f_1(x)] dx + \int_{D_1+D_2} q_1 c(2 \mid 1) f_1(x) dx$$
$$= \int_{D_1} [q_2 c(1 \mid 2) f_2(x) - q_1 c(2 \mid 1) f_1(x)] dx + q_1 c(2 \mid 1) \int_{D_1+D_2} f_1(x) dx$$
$$= \int_{D_1} [q_2 c(1 \mid 2) f_2(x) - q_1 c(2 \mid 1) f_1(x)] dx + q_1 c(2 \mid 1)$$

由于第二项与 D 无关,要使 L 达到最小,只需第一项达到最小。这只需选择 D_1 为上式中的被积函数取非正值的范围即可,即取 D_1 为:

$$D_1 = \{x \mid q_2 c(1 \mid 2) f_2(x) - q_1 c(2 \mid 1) f_1(x) \leqslant 0\} = \left\{x \mid \frac{f_1(x)}{f_2(x)} \geqslant \frac{q_2 c(1 \mid 2)}{q_1 c(2 \mid 1)}\right\}$$

此时,

$$D_2 = \left\{x \mid \frac{f_1(x)}{f_2(x)} < \frac{q_2 c(1 \mid 2)}{q_1 c(2 \mid 1)}\right\}$$

因此,两一般总体的 Bayes 判别如下:对给定的样品 x,计算两总体的概率密度函数在 x 处的值,判定准则为:

$$\begin{cases} x \in G_1, & \text{若} \dfrac{f_1(x)}{f_2(x)} \geqslant \dfrac{q_2 c(1 \mid 2)}{q_1 c(2 \mid 1)} \\ x \in G_2, & \text{若} \dfrac{f_1(x)}{f_2(x)} < \dfrac{q_2 c(1 \mid 2)}{q_1 c(2 \mid 1)} \end{cases}$$

下面给出此判别准则的几个特例:

(1)等先验概率的情形。

实际应用中,若各总体的先验概率分布未知,一般有两种处理方法,如果训练样本是通过随机观测得到的,通常取先验概率为各个训练样本的容量占总观测数的比例。如果对其先验概率分布基本不了解,可假定各总体的先验概率观测值相等。在两总体情况下,即假定 $q_1 = q_2 = 1/2$,这时 Bayes 判别准则为:

$$\begin{cases} x \in G_1, & \text{若} \dfrac{f_1(x)}{f_2(x)} \geqslant \dfrac{c(1 \mid 2)}{c(2 \mid 1)} \\ x \in G_2, & \text{若} \dfrac{f_1(x)}{f_2(x)} < \dfrac{c(1 \mid 2)}{c(2 \mid 1)} \end{cases}$$

(2)等误判损失的情形。

若误判损失难以确定,通常假定 $c(1 \mid 2) = c(2 \mid 1)$。这时 Bayes 判别准则为:

$$\begin{cases} x \in G_1, & \text{若} \dfrac{f_1(x)}{f_2(x)} \geqslant \dfrac{q_2}{q_1} \\ x \in G_2, & \text{若} \dfrac{f_1(x)}{f_2(x)} < \dfrac{q_2}{q_1} \end{cases}$$

(3)等先验概率及等误判损失的情形。

这时,$q_1 = q_2 = 1/2$,$c(1 \mid 2) = c(2 \mid 1)$,从而 Bayes 判别准则为:

$$\begin{cases} x \in G_1, & \text{若} f_1(x) \geqslant f_2(x) \\ x \in G_2, & \text{若} f_1(x) < f_2(x) \end{cases}$$

应用中,总体的概率密度函数通常是未知的,我们可用的资料是来自各总体的训练样本。通常的做法是利用训练样本对总体的概率密度作非参数估计(如最邻近估计、核估计等）。由于这些估计涉及较多的统计和数学知识，在此不做进一步介绍。下面只就正态总体情况做详细讨论。

2. 一般总体

设 G_1，G_2 为 2 个不同的 p 维正态总体，这时其概率密度为：

$$f_i(x) = (2\pi)^{-\frac{p}{2}} |\pi_i|^{-\frac{1}{2}} \exp\left\{-\frac{1}{2}(x - \mu_i)'\Sigma_i^{-1}(x - \mu_i)\right\}, \ i = 1, 2$$

（1）若 $\Sigma_1 = \Sigma_2 = \Sigma$。

这时，由距离判别中的相关结论，可得：

$$\frac{f_1(x)}{f_2(x)} = \exp\left\{\frac{1}{2}(x - \mu_2)'\Sigma_2^{-1}(x - \mu_2) - \frac{1}{2}(x - \mu_1)'\Sigma_1^{-1}(x - \mu_1)\right\}$$

$$= \exp\left\{\frac{1}{2}\left[d^2(X, G_2) - d^2(X, G_1)\right]\right\}$$

$$= \exp\{W(X)\}$$

其中，$W(X) = \left[x - \frac{1}{2}(\mu_1 + \mu_2)\right]'\Sigma^{-1}(\mu_1 - \mu_2)$

从而，前面的 Bayes 判别准则为：

$$\begin{cases} x \in G_1, \ 若 \ W(x) \geqslant \ln\left[\dfrac{q_2 c(1|2)}{q_1 c(2|1)}\right] \\ x \in G_2, \ 若 \ W(x) < \ln\left[\dfrac{q_2 c(1|2)}{q_1 c(2|1)}\right] \end{cases}$$

我们看到，在总体服从正态分布的假定下，Bayes 判别函数与第二节的等协方差矩阵的距离判别函数是一样的，只是判别准则中的判别限有所差异，这是因为 Bayes 判别考虑了总体的先验概率分布和误判损失。若假定了等先验概率和等误判损失，则二者就完全一样了。但值得注意的是距离判别中并未假定 G_1 和 G_2 为正态总体。

实际应用中，若 μ_1，μ_2，Σ 未知，则可以用训练样本估计，即用 $\hat{\mu}_1 = \bar{x}^{(1)}$，$\hat{\mu}_2 = \bar{x}^{(2)}$ 以及 $\hat{\Sigma} = \dfrac{(n_1 - 1)S_1 + (n_2 - 1)S_2}{n_1 + n_2 - 2}$ 代替 $W(X)$ 中的 μ_1，μ_2，Σ。

（2）若 $\Sigma_1 \neq \Sigma_2$。

经推导，可得判别准则为：

$$\begin{cases} x \in G_1, \ 若 \ W^*(x) \geqslant K \\ x \in G_2, \ 若 \ W^*(x) < K \end{cases}$$

其中，$W^*(x) = -\frac{1}{2}x'(\Sigma_1^{-1} - \Sigma_2^{-1})x + (\mu_1'\Sigma_1^{-1} - \mu_2'\Sigma_2^{-1})x$，

$$K = \ln\left[\frac{q_2 c(1|2)}{q_1 c(2|1)}\right] + \frac{1}{2}\ln\left[\frac{|\Sigma_1|}{|\Sigma_2|}\right] + \frac{1}{2}(\mu_1'\Sigma_1^{-1}\mu_1 - \mu_2'\Sigma_2^{-1}\mu_2)$$

实际应用中，若 μ_1，μ_2，Σ 未知，则可以用训练样本估计，即用 $\hat{\mu}_1 = \bar{x}^{(1)}$，$\hat{\mu}_2 =$

$\bar{x}^{(2)}$ 以及 $\hat{\Sigma}_1 = S_1$，$\hat{\Sigma}_2 = S_2$。

多总体的 Bayes 判别是二总体的 Bayes 判别的推广。

【例 9 - 2】某商场从市场上随机抽取 20 种牌子的电视机进行调查，其中 5 种畅销，8 种平销，7 种滞销。按电视机的质量评分 Q、功能评分 C 和销售价格 P（单位：百元）收集资料，见表 9 - 3 中销售状态 G 中，"1" 表示畅销，"2" 表示平销，"3" 表示滞销。根据该资料建立判别函数，并根据判别准则进行回判。假设有一新厂商来推销电视，其产品的质量评分为 8，功能评分为 7.5，销售价格为 65 百元，问该厂电视的销售前景如何？[①]

表 9 - 3   20 种电视机的销售情况

编号	Q	C	P	G
1	8.3	4	29	1
2	9.5	7	68	1
3	8	5	39	1
4	7.4	7	50	1
5	8.8	6.5	55	1
6	9	7.5	58	2
7	7	6	75	2
8	9.2	8	82	2
9	8	7	67	2
10	7.6	9	90	2
11	7.2	8.5	86	2
12	6.4	7	53	2
13	7.3	5	48	2
14	6	2	20	3
15	6.4	4	39	3
16	6.8	5	48	3
17	5.2	3	29	3
18	5.8	3.5	32	3
19	5.5	4	34	3
20	6	4.5	36	3

---

① 王斌会：《多元统计分析及 R 语言建模》，暨南大学出版社 2016 年版。

解：在进行 Bayes 判别时，假定各类协方差矩阵相同，此时判别函数为线性函数。当先验概率相等时，取 $q_1 = q_2 = q_3 = 1/3$，此时判别函数等价于距离线性判别函数，见文本框 9 – 4。

文本框 9 – 4

```
example9_2 <- read.csv("C:/text/ch9/example9_2.csv",header =
TRUE)
attach(example9_2)
library(MASS)
ld1 <- lda(G ~ Q + C + P,prior = c(1,1,1)/3);
ld1#先验概率相等的 Bayes 判别模型
```

```
Call:
lda(G ~ Q + C + P,prior = c(1,1,1)/3)
Prior probabilities of groups:
      1              2              3
0.3333333    0.3333333    0.3333333
Group means:
        Q            C            P
1    8.400000    5.900000    48.200
2    7.712500    7.250000    69.875
3    5.957143    3.714286    34.000
Coefficients of linear discriminants:
            LD1              LD2
Q     -0.92307369      0.76708185
C     -0.65222524      0.11482179
P      0.02743244      -0.08484154
Proportion of trace:
  LD1      LD2
0.7259   0.2741
```

```
W1 <- predict(ld1);newG1 <- W1$class;
cbind(G,W1x = W1$x,newG1);
table(G,newG1)
```

```
   newG1
G  1  2  3
  1  5  0  0
  2  1  6  1
  3  0  0  7
```

round(W1$post,3)

	1	2	3			1	2	3
1	0.983	0.006	0.012		11	0.002	0.997	0.001
2	0.794	0.206	0.000		12	0.111	0.780	0.109
3	0.937	0.043	0.020		13	0.292	0.325	0.383
4	0.654	0.337	0.009		14	0.001	0.000	0.999
5	0.905	0.094	0.000		15	0.012	0.023	0.965
6	0.928	0.072	0.000		16	0.079	0.243	0.678
7	0.003	0.863	0.133		17	0.000	0.000	1.000
8	0.177	0.822	0.000		18	0.001	0.003	0.996
9	0.185	0.811	0.005		19	0.001	0.004	0.995
10	0.003	0.997	0.000		20	0.014	0.025	0.961

predict(ld1,data.frame(Q=8,C=7.5,P=65))#判定

$class:[1] 2　　　Levels:1 2 3

$posterior　　　　　　　　　　　　　　　　　　$x

	1	2	3		LD1	LD2
1	0.300164	0.6980356	0.001800378	1	−1.426693	−0.5046594

根据建立的先验概率相等的 Bayes 判别结果看，20 个样品只有 2 个样品判错，误差率为 10%，后验概率给出了样品落在哪个类的概率大小。根据建立的 Bayes 判别函数，代入预测数据，判断新样品属于第二类，即该产品预期是平销，属于平销的概率是 0.698。

当先验概率不等时，取 $q_1 = \frac{5}{20}$，$q_2 = \frac{8}{20}$，$q_3 = \frac{7}{20}$，假定各类协方差矩阵相同，此时 Bayes 判别函数也为线性函数，见文本框 9 - 5。

文本框 9 - 5

```
ld2 <-lda(G ~ Q + C + P,prior = c(5,8,7)/20);
ld2
```

```
Call:
lda(G ~ Q + C + P,prior = c(5,8,7)/20)
Prior probabilities of groups:
   1     2     3
0.25  0.40  0.35


Group means:
         Q          C          P
1  8.400000   5.900000   48.200
2  7.712500   7.250000   69.875
3  5.957143   3.714286   34.000
Coefficients of linear discriminants:
           LD1              LD2
Q  -0.81173396      0.88406311
C  -0.63090549      0.20134565
P   0.01579385     -0.08775636
Proportion of trace:
   LD1     LD2
0.7403  0.2597
```

```
W2 <-predict(ld2);
newG2 <-W2$class;
cbind(G,W2x = W2$x,newG2);
table(G,newG2)
```

```
      newG2
G    1  2  3
  1  5  0  0
  2  1  6  1
  3  0  0  7
```

```
round(W2$post,3)#ld2 模型的后验概率
```

	1	2	3		1	2	3
1	0.975	0.009	0.016	11	0.001	0.998	0.001
2	0.707	0.293	0.000	12	0.074	0.825	0.101
3	0.907	0.067	0.027	13	0.216	0.386	0.398
4	0.542	0.447	0.011	14	0.001	0.000	0.999
5	0.857	0.143	0.001	15	0.009	0.026	0.965
6	0.889	0.111	0.000	16	0.056	0.274	0.670
7	0.002	0.879	0.119	17	0.000	0.000	1.000
8	0.119	0.881	0.000	18	0.001	0.003	0.996
9	0.124	0.871	0.004	19	0.001	0.005	0.994
10	0.002	0.998	0.000	20	0.010	0.029	0.961

```
predict(ld2,data.frame(Q=8,C=7.5,P=65))#判定
```

```
$class:[1] 2  Levels:1 2 3
$posterior                                    $x
   1          2            3              LD1        LD2
1  0.2114514  0.786773  0.001775594    1  -1.537069  -0.1367865
```

根据建立的先验概率不相等的 Bayes 判别结果看，20 个样品同样有 2 个样品判错，误差率也为 10%，后验概率给出了样品落在哪个类的概率大小。根据建立的 Bayes 判别函数，代入预测数据，判断新样品也属于第二类，即该产品预期是平销，属于平销的概率是 0.787，从这也可以看出考虑与不考虑先验概率对模型的判别效果还是有影响的。

习　　题

1. 判别分析的基本思想是什么？
2. 简述判别分析的方法步骤及流程。
3. 我们收集了 A 股市场 2009 年陷入财务困境的上市公司（ST 公司）前一年（2018 年）的财务数据[1]：资产负债率（x_1）、流动资产周转率（x_2）、总资产报酬率（x_3）和营业收入增长率（x_4），同时也收集了 8 家财务良好的公司同一时期对

① 王斌会：《多元统计分析及 R 语言建模》，暨南大学出版社 2016 年版。

应的财务数据，类别变量 G 中 2 代表 ST 公司，1 代表财务良好公司，具体数据见下表所示。

上市公司财务数据

证券简称	X_1	X_2	X_3	X_4	G
ST 中源	60.6725	1.0247	11.6705	-26.539	2
ST 宇航	25.5983	1.9192	-5.8302	26.0492	2
ST 耀华	90.8727	1.9671	-14.1845	-12.9439	2
ST 万杰	90.4619	1.0022	1.8169	65.7273	2
ST 钛白	53.4565	0.7593	-23.8843	-38.3107	2
ST 筑信	92.2256	1.7847	-4.1057	19.2281	2
ST 东航	115.1196	4.6577	-16.2537	-3.9017	2
洪城股份	38.9856	0.6036	2.3791	-2.5461	1
工大首创	28.9197	2.5281	2.3564	-0.2289	1
交大南洋	56.7443	1.5307	-0.18	3.7282	1
九鼎新材	52.1203	1.3464	5.0908	10.7868	1
恩华药业	52.8731	2.1049	9.0866	18.3486	1
东百集团	54.4389	5.6078	13.7846	22.3118	1
广东明珠	46.3793	0.9974	9.4806	15.3517	1
中国国航	79.4863	5.919	-9.4739	7.0316	1

（1）建立线性判别、非线性判别和 Bayes 判别分析模型，计算各自的判别正确率，确定哪种判别方法最恰当；

（2）某公司 2008 年财务数据为：$x_1 = 78.3563$，$x_2 = 0.8895$，$x_3 = 1.8001$，$x_4 = 14.1022$，试判定 2009 年该公司是否会陷入财务困境。

4. 对一个金融机构来说，建立客户的信用度评价体系非常重要。表 7-5 是某金融机构客户的个人数据：月收入（x_1）、月生活费支出（x_2）、住房的所有权属（x_3）（所有权属于自己的为"1"，租用的为"0"）、目前的工作年限（x_4）、前一个工作的年限（x_5）、目前住所的年限（x_6）、前一个住所的年限（x_7）和家庭赡养的人口数（x_8）；类别变量 G 为信用度级别，信用度最高为"5"，信用度最低为"1"，具体数据见下表所示。[①]

---

① 费宇等：《多元统计分析——基于 R》，中国人民大学出版社 2014 年版。

某金融机构客户的个人信用度评价数据

序号	X_1	X_2	X_3	X_4	X_5	X_6	X_7	X_8	G
1	1000	3000	0	0.1	0.3	0.1	0.3	4	1
2	3500	2500	0	0.5	0.5	0.5	2	1	1
3	1200	1000	0	0.5	0.5	1	0.5	3	1
4	800	800	0	0.1	1	5	1	3	1
5	3000	2800	0	1	2	3	4	3	1
6	4500	3500	0	8	2	10	1	5	2
7	3000	2600	1	6	1	3	4	2	2
8	3000	1500	0	2	8	6	2	5	3
9	850	425	1	3	3	25	25	1	3
10	2200	1200	1	6	3	1	4	1	3
11	4000	1000	1	3	5	3	2	1	4
12	7000	3700	1	10	4	10	1	4	4
13	4500	1500	1	6	4	4	9	3	4
14	9000	2250	1	8	4	5	3	2	5
15	7500	3000	1	10	3	10	3	4	5
16	3000	1000	1	20	5	15	10	1	5
17	2500	700	1	10	5	15	5	3	5

（1）试对上表进行判别分析；

（2）若一位新客户的 8 个指标为（2500，1500，0，3，2，3，4，1），试对该客户的信用度进行评价。

参 考 文 献

1. 王保进：《多变量分析——统计软件与数据分析》，北京大学出版社 2007 年版。

2. 薛薇：《统计分析与 SPSS 的应用》，中国人民大学出版社 2008 年版。

3. 贾俊平：《统计学——基于 R》，中国人民大学出版社 2014 年版、2017 年版。

4. 费宇等：《多元统计分析——基于 R》，中国人民大学出版社 2014 年版。

5. ［美］戴维·R. 安德森、丹尼斯·J. 斯威尼、托马斯·A. 威廉斯：《商务与经济统计》，张建华、王建、冯燕奇等译，机械工业出版社 2010 年版。

6. Robert I. Kabacoff：《R 语言实战》，人民邮电出版社 2016 年版。

7. 马树才等：《经济多变量分析》，吉林人民出版社 2002 年版。

8. 王斌会：《多元统计分析及 R 语言建模》，暨南大学出版社 2016 年版。

9. 吴喜之：《应用回归及分类——基于 R》，中国人民大学出版社 2016 年版。

10. 王学民：《应用多元分析》，上海财经大学出版社 1999 年版。

11. 于秀林、任雪松：《多元统计分析》，中国统计出版社 1999 年版。

12. ［美］弗雷德·C. 潘佩尔：《Logistic 回归入门》，周穆之译，格致出版社、上海人民出版社 2015 年版。

13. 何晓群：《多元统计分析》，中国人民大学出版社 2004 年版。

14. http：//www. r - project. org/。

后　记

多元统计分析是近年来发展迅速的统计分析方法之一，广泛应用于自然科学、管理科学和社会、经济等各个领域。本书将在深入浅出地讲解多元统计分析方法原理的基础上，侧重于结合实例介绍多元统计分析方法的应用。在方法的具体实现上，本书采用了国内外广泛使用的统计软件 R，详细介绍了多元统计分析方法在 R 中的实现以及输出结果的解读。

本书是在《多变量分析及 R 的应用》（2018 年版）的基础上修订的。全书共有九章，基本覆盖了常用的多元统计分析方法。第一章是绪论，是为指导全书的学习而编排的。第二章是多元数据描述统计分析Ⅰ：表格法和图形法，介绍了利用各种图形或表格来对数据进行描述性统计分析。第三章是多元数据描述统计分析Ⅱ：数值方法，介绍了利用概括统计量来描述定量变量的数据。第四章至第九章是有关现代多元统计分析的方法，内容包括多元回归分析、广义线性模型、主成分分析、因子分析、聚类分析和判别分析。本次修订，对有关章节进行了完善，对各章的顺序进行了调整，对运行代码进行了修订。

本书的适用范围很广，可以作为数学、应用数学、金融数学、统计、经济等专业本科生以及各专业硕士和博士研究生的教科书或参考书，希望本书对教师以及各个领域的实际工作者都有参考价值。

本书参考了许多国内外教材和资料，并引用了部分例题和习题，在此向有关作者表示衷心的感谢。本书出版得到了辽宁大学长江学者特聘教授林木西教授、辽宁大学经济学院经济统计学系同仁们的大力支持，在此表示感谢。本书出版得到了经济科学出版社的大力支持和帮助，在此表示诚挚的谢意。

由于水平有限，书中难免有不妥之处，敬请同行专家及广大读者批评指正。

王　青

2022 年 7 月